数学不无聊

化繁为简的几何故事

上册

[日]中田寿幸 监修

冯博 译

SPM 南方传媒 | 新世纪出版社

·广州·

图书在版编目(CIP)数据

数学不无聊．化繁为简的几何故事／(日)中田寿幸监修；冯博译．—广州：新世纪出版社，2022.7
ISBN 978-7-5583-3249-4

Ⅰ．①数… Ⅱ．①中… ②冯… Ⅲ．①数学－少儿读物 Ⅳ．① O1-49

中国版本图书馆 CIP 数据核字 (2022) 第 019780 号

广东省版权局著作权合同登记号 图字：19-2021-303号

出 版 人：陈少波
策划编辑：徐颢妍
责任编辑：杨涵丽
责任校对：林 原
美术编辑：佳 佳
封面设计：金牍文化·车球

数学不无聊. 化繁为简的几何故事
SHUXUE BU WULIAO.HUA FAN WEI JIAN DE JIHE GUSHI
[日] 中田寿幸◎监修 冯博◎译

出版发行：SPM 南方传媒 | 新世纪出版社
（广州市大沙头四马路10号）
经　销：全国新华书店
印　刷：东莞市翔盈印务有限公司
开　本：889 mm × 1194 mm　1/32
印　张：6
字　数：79.5千
版　次：2022年7月第1版
印　次：2022年7月第1次印刷
书　号：ISBN 978-7-5583-3249-4
定　价：64.00元（上下册）

质量监督电话：020-83797655　购书咨询电话：010-65541379

目录

平面图形的测量

触手可及的图形

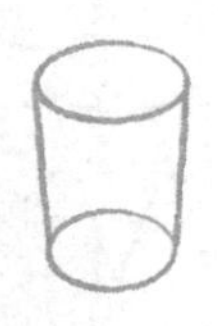

立体图形的测量

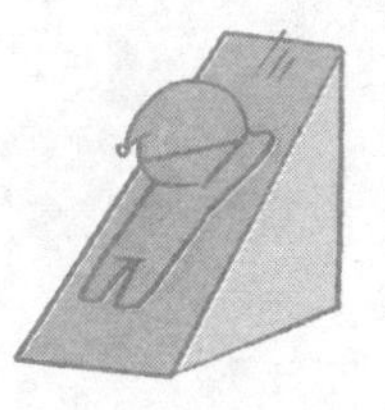

序言

在日常生活中，我们身边有各种各样的物品，这些物品都有各自的形状。虽然这些物品随处可见，但是大家平时有没有仔细留心过它们的形状呢？答案恐怕是没有吧。

在学校的教室里有许多四四方方的东西：黑板、窗户、电视、教科书……如果再仔细找一找，还能找到许多其他形状的东西——比如钟表就是圆形的比较多，也有八边形的。

我们再来看一看椅子吧。有些椅子的腿是与地面垂直的，而有些椅子的腿则会稍微倾斜一点儿。但不论哪种类型的椅子，椅面都始终是与地面平行的。

如果椅面不和地面平行的话，人坐上去就会不舒服啦。此外，椅子的靠背通常也要做成大家坐上去最舒服的形状。

这本书将会带大家领略五花八门的图形。如果从“图形”的视角来仔细观察周围的事物，可能会有一些新发现哟。

了解五花八门的图形，可以拓展大家对图形世界的认知，让我们打开这本书，一起去领略精彩的图形世界吧！

筑波大学附属小学 中田寿幸

五花八门的图形

三角形 四边形 多边形

同学们，现在是画画时间。今天的绘画主题是画各种各样的三角形。

从右边大家交上来的这些图中，我们可以看到很多种三角形：有尖尖的，有扁平的，甚至还有东倒西歪的三角形。由此可以看出，在这个世界上有各种各样的三角形。

可能会有同学想问，到底什么形状才能被称为“三角形”呢，大家有没有思考过这个问题呢?

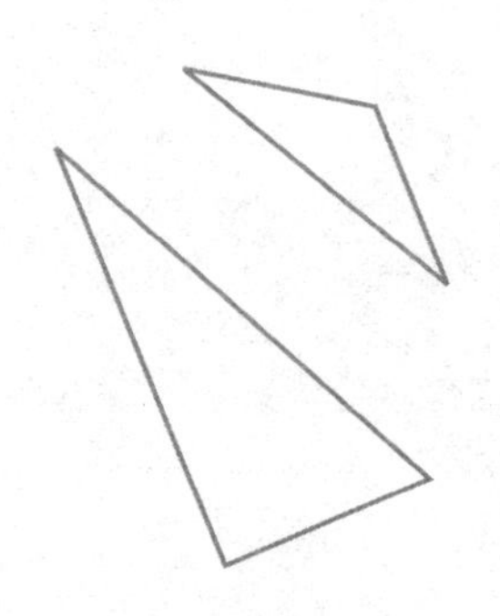

同学们画的三角形

这到底是不是三角形呢

小红同学回答道："三角形不是因为有三个尖角才叫三角形的吗？"

这个回答有一部分是对的。

在数学领域，我们称三角形的尖角为"角"。然而，是不是有三个角的图形，都能被称为"三角形"呢？请大家看一看上面的图形 A，这个图形也有三个角。

虽然这个图形有三个角，但是不是感觉它并不像三角形呢?

那么，图形 A 为什么不像三角形呢? 小红同学和小明同学想了一会儿分别说道：

“因为尖角太细了，所以不像三角形吧。”

“我觉得是因为尖角太尖了。”

为了进一步弄清楚“图形 A 为什么不像三角形”这个问题，我们在图形 A 的旁边画一个三角形 B，对比后发现——

“啊！我明白了！图形 B 的线条都是直的，而图形 A 的线条是弯的！”小明同学抢先答道。

不愧是小明同学，一眼就发现了问题的关键。三角形的轮廓全都是由笔直的线围成的，也就是人们常说的线段。而围成三角形的三条线段，在数学中我们称之为“边”。

三角形是什么

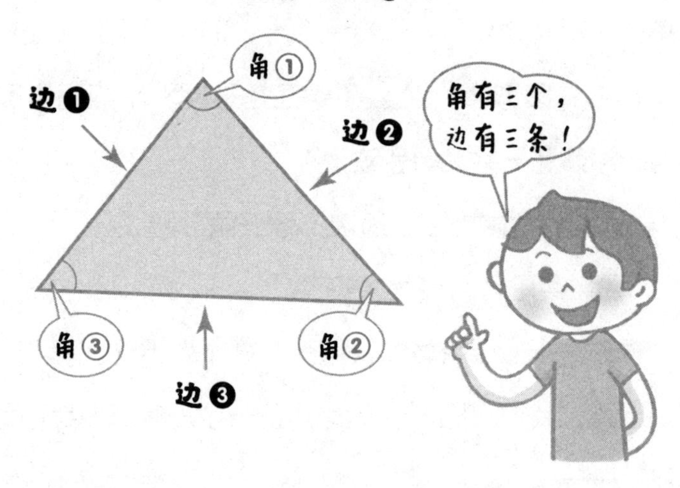

三角形是由三个角和三条边所围成的图形。

那么，四边形又是怎样的呢？既然三角形是由三个角和三条边围成的图形，那么不难推断出，四边形就是由四个角和四条边围成的图形。同理，围成图形的角和边的数量分别是五的时候，所围成的图形就叫作“五边形”；数量分别是六的时候，所围成的图形就叫作“六边形”。

以此类推，还有七边形、八边形、九边形、十边形……角和边一直增加的话，还能有更多图形。

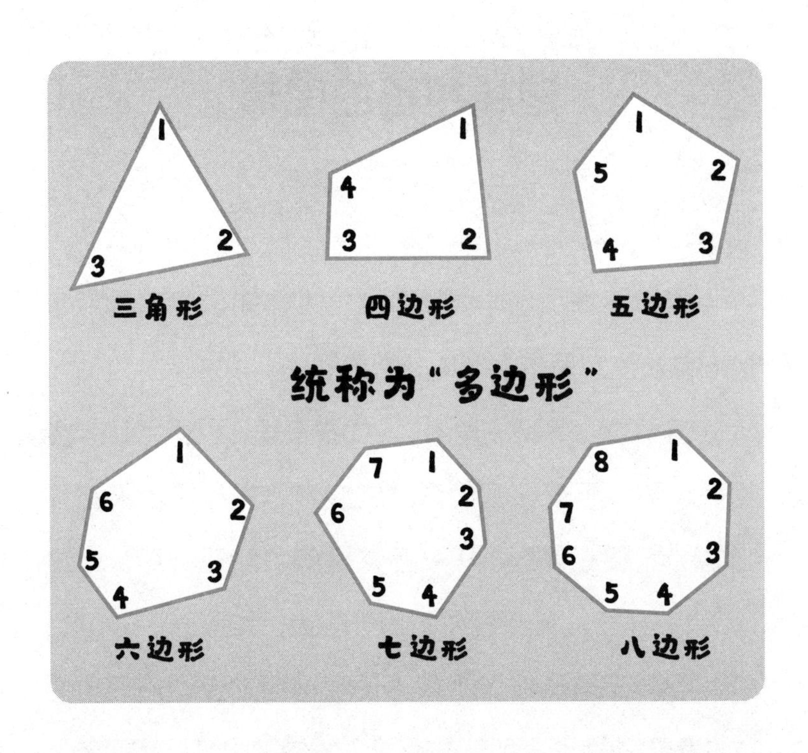

像这种由许多角和边所组成的图形，我们统称为“多边形”。其实呀，不管是三角形还是四边形，都是多边形的一种。

边长相等的图形

请看下一页图中的图形 A，大家知道像这种两条边一样长的三角形名字叫什么吗?

答案是“等腰三角形”。如果三角形的两条边长度相等，那么不管该三角形角的度数是多少，我们都称它为“等腰三角形”——不论是扁平的三角形，还是尖尖的三角形，如果有两条相等的边，都是等腰三角形。

等腰三角形除了两条边长度相等之外，还有一个非常重要的特征，那就是有两个角的度数也是相等的。

等腰三角形和等边三角形

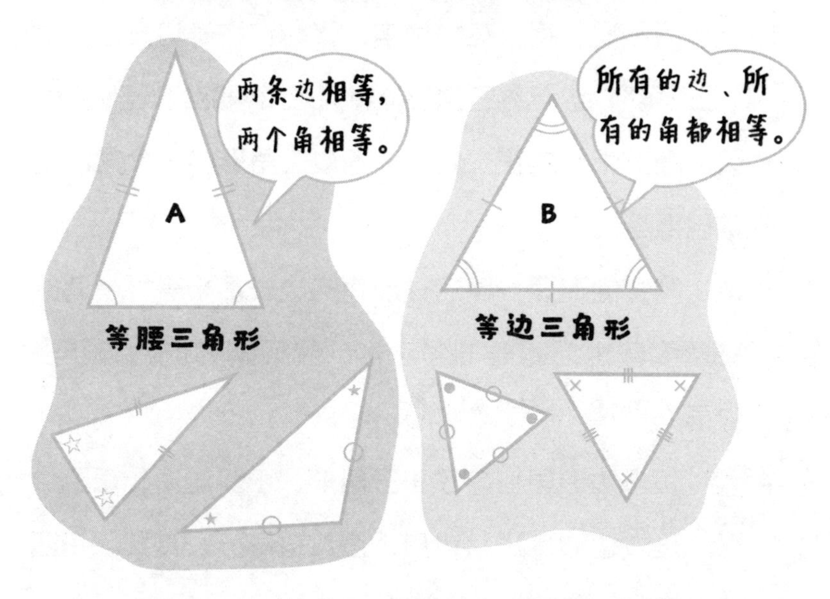

那么请问，像上图中的三角形 B 这样，所有的边、所有的角都相等的三角形，大家知道叫什么名字吗？

“如果两条边相等的三角形叫作‘等腰三角形’的话，那么三条边都相等的三角形应该就叫‘等边三角形’了吧？”小红同学脱口而出。

完全正确！

顺便说一句，在数学中，我们也称等边三角形为“正三角形”。这种三角形的特点是所有的边长都相等，因此图形十分端正。此外，等边三角形的三个角的度数也相等。

同样的道理，像这样所有的边长都相等、所有的夹角度数也都相等的多边形，我们就称之为“正多边形”。

正多边形里包含了正三角形、正四边形、正五边形、正六边形、正七边形、正八边形……其实，正四边形就是我们常说的正方形。

那么，问题就来了：是不是只要是正多边形，它的所有角的度数就都相等呢？如果想知道答案的话，请大家自己用量角器去量一量哟。

五花八门的正多边形

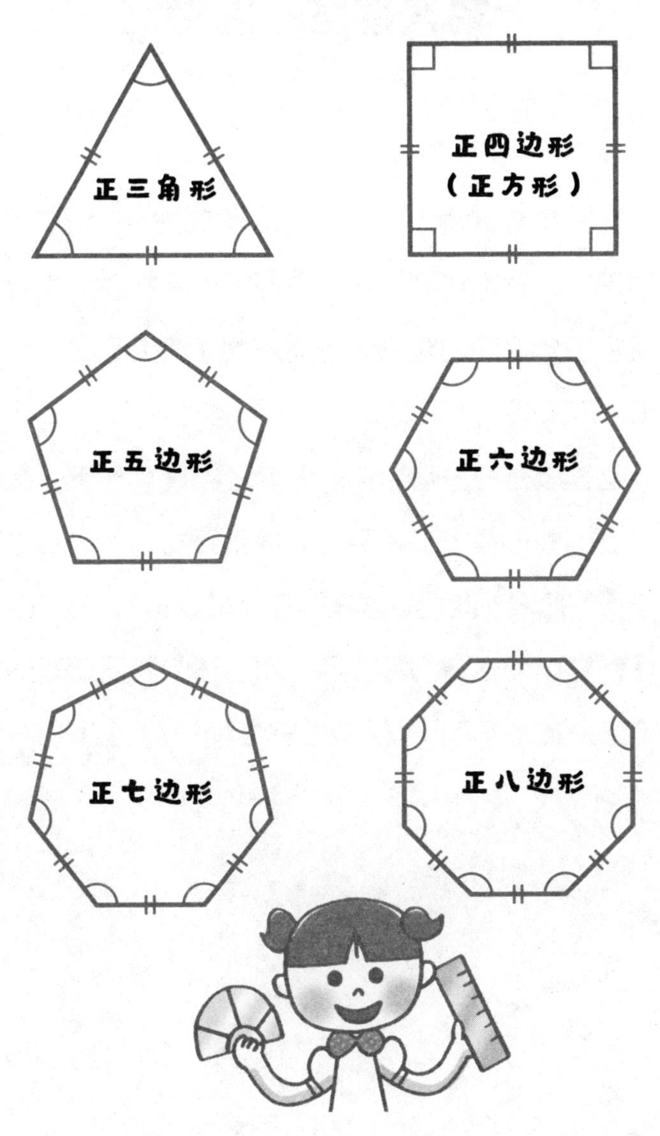

具有直角的图形

这一小节，请大家来找一找教室里的三角形和四边形吧。大家都找到了什么东西呢？看样子大家找到了很多三角形和四边形。不知道大家有没有发现，大部分图形都有一个共同点，是什么呢？

答案就是——有直角。大家仔细观察一下，是不是找到的图形很多都有两条直线垂直相交所形成的端端正正的角呢？我们称这样的角为“直角”。请看下一页图教室中的这些物品，凡是四边形的物品所有的角都是直角，而三角尺的三个角里总有一个是直角。

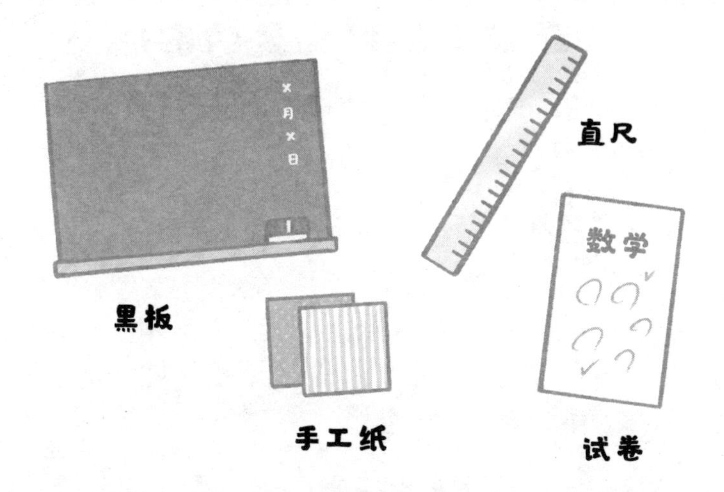

教室里的四边形和三角形

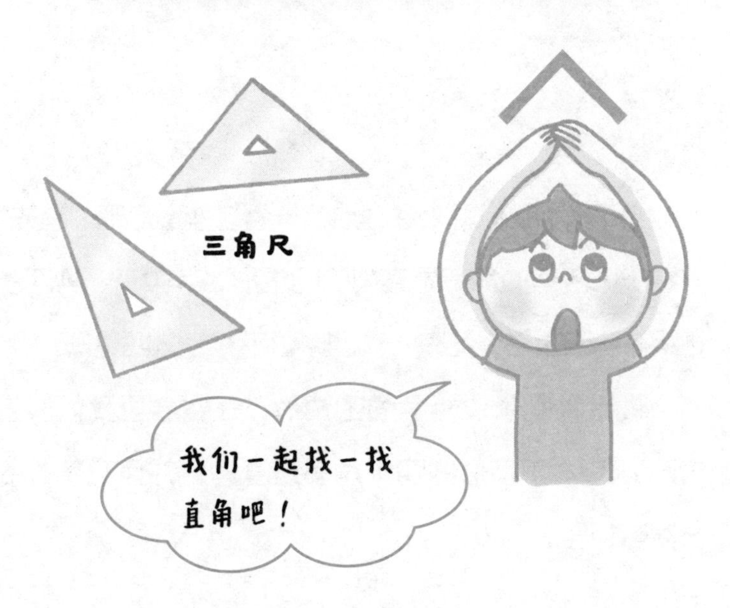

这些也是教室里的图形

接下来，我们就来仔细地看一看这些图形吧。首先，来看一下所有的角都是直角的四边形。其中有一种四条边相等的四边形，还有一种四条边不相等的四边形。

像这种四条边相等的四边形，在数学里我们叫它“正方形”。正方形的四个角都是直角，并且四条边的长度都相等。

正方形和长方形

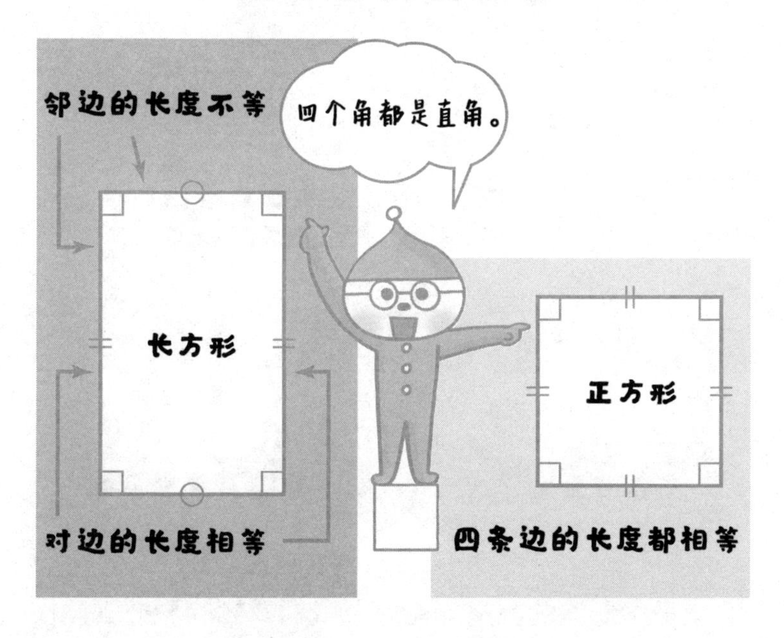

然后，让我们来看一看四条边不相等的四边形吧。可以看出，这个图形的边有长有短。如果再仔细观察就能发现：相对方向的两条边的边长是相等的。像这种所有的角都是直角，相邻边的长度不等、相对边的长度相等的四边形，我们就叫它“长方形”。

有直角的三角形

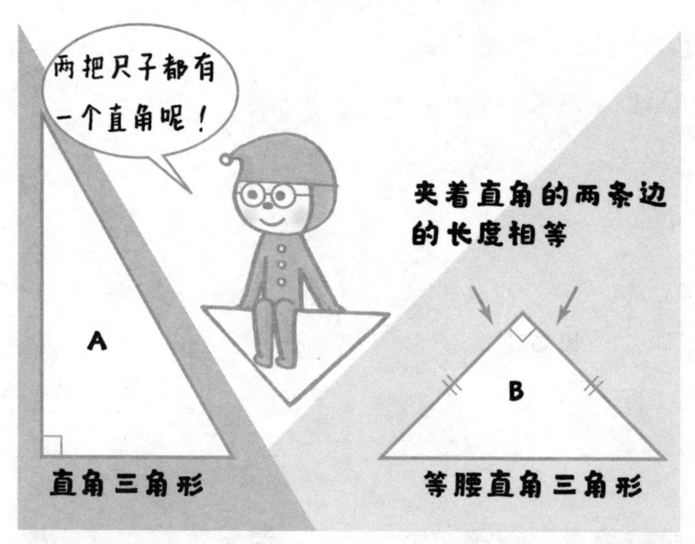

三角形的情况又如何呢？我们找到的两把三角尺都有一个角是直角。像这种有一个角是直角的三角形，就叫作“直角三角形”。但是，仔细观察不难看出，三角尺 A 和 B 的形状略有不同。如果分别测量它们三条边的边长会发现什么结果呢？

可以发现，三角尺 A 的三条边全都不相等，而三角尺 B 夹着直角的两条边的长度是相等的。因此，我们称 B 这样的三角形为“等腰直角三角形”。

把四边形斜着剪开

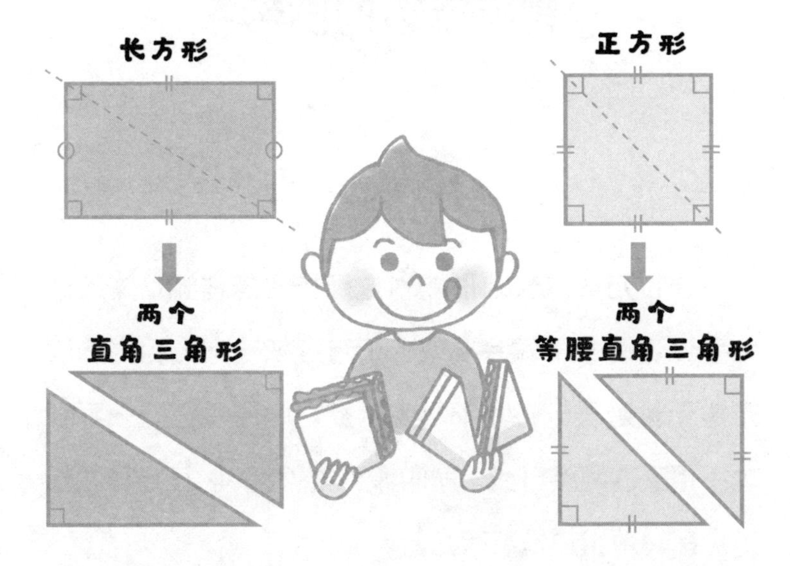

再告诉大家一个小秘密，如果把长方形沿着对角线剪开，就可以得到两个直角三角形；而如果把正方形沿着对角线剪开，就成了两个等腰直角三角形。原来，直角三角形就是它所对应的长方形或正方形的一半，而长方形和正方形都是由两个直角三角形组成的。

有平行边的图形

将正方形或长方形的对边延长会怎样呢？如果你动手试着画一下就会发现，正方形或长方形相对的两条边无论延长到哪儿都不会相交。像这种在同一平面内不相交的两条直线，就叫作“平行线”。正方形和长方形都有两组边是平行的。

我们再来试试从上方平压长方形，就会得到一个被压扁的四边形。那么，如果将这个四边形的边延长又会怎样呢？可以发现，四边形的两组对边依旧是平行的。我们称这类有两组平行边的四边形为“平行四边形”。

有两组边平行的四边形

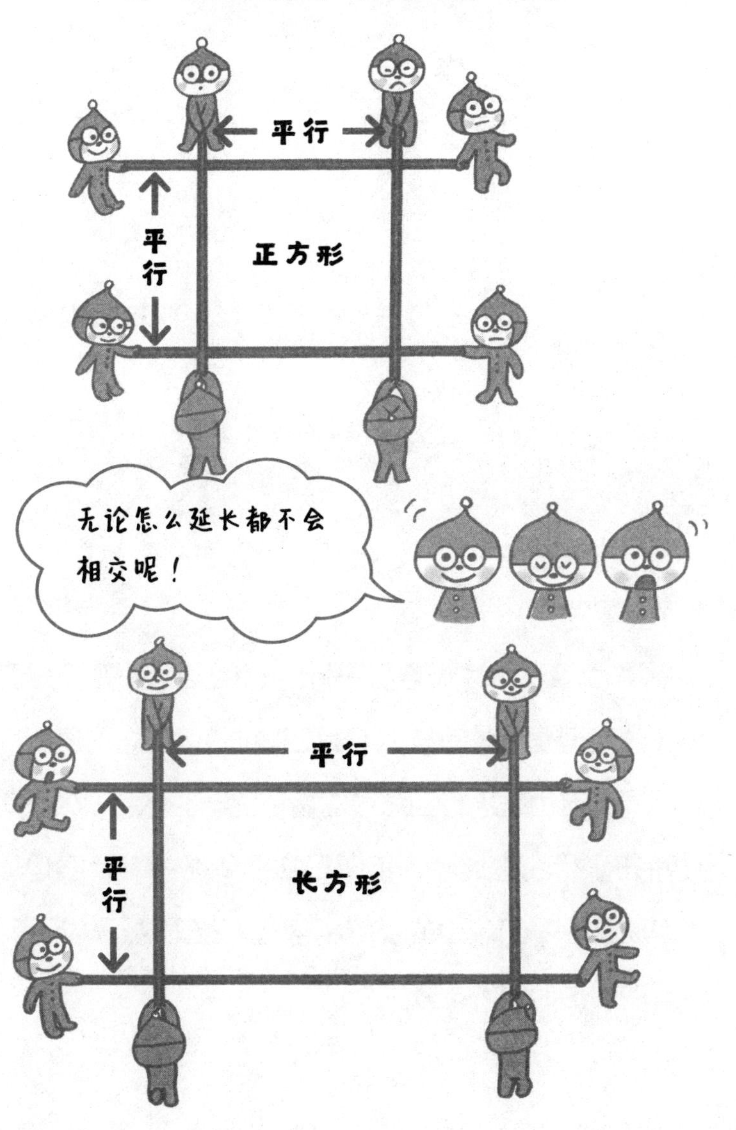

平行四边形

平行四边形和长方形不同，它的四个角并不是直角（长方形是一种特殊的平行四边形），但是对角的度数相同，这也是平行四边形的特征之一。

在平行四边形中，平压正方形所得的平行四边形尤其特殊——四条边的长度相等，两组对边互相平行，这样的图形叫作“菱形”。

菱形和平行四边形

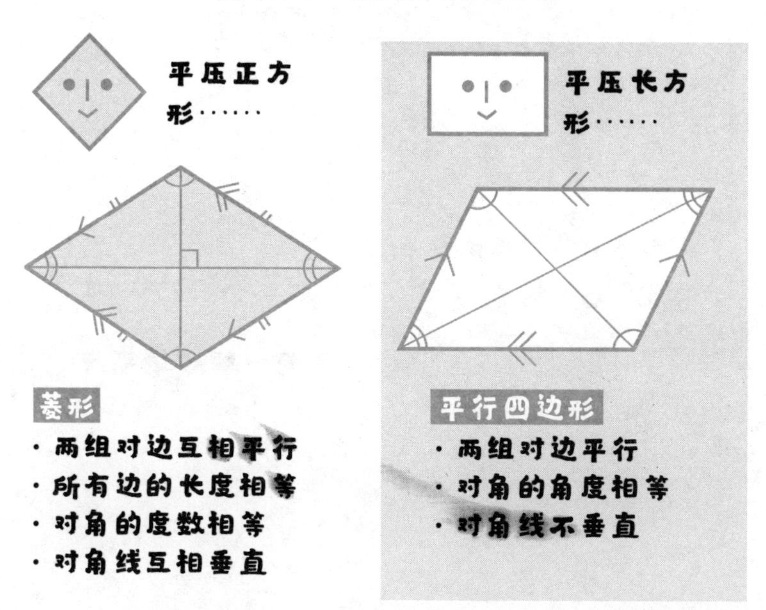

菱形和平行四边形有相同的特征——对角的度数相等。菱形还有另外一个明显的特征，想要找到菱形的这个特征，需要同学们把菱形相对的顶点用直线连起来，这两条连接菱形相对顶点的线我们称之为“对角线”。菱形这个明显的特征就是它的两条对角线相交形成的角是直角。

看来菱形里真是藏了很多小秘密呢。

梯形

我们已经知道，平行四边形是有两组对边平行的图形。那么，类似上面这种只有一组对边平行的图形又叫什么呢？答案是“梯形”。原来，四边形里面也有各种各样名字的图形呢。

接下来，请大家从身边事物中找一找平行四边形、菱形和梯形吧！

身边的图形

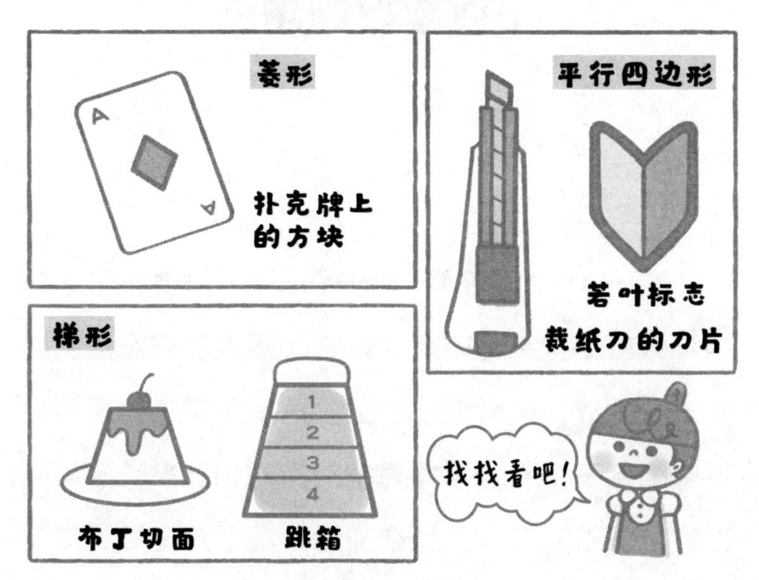

好棒，看样子大家找到了若叶标志[1]、裁纸刀的刀片等许多形状是平行四边形的物品呢！

我们周围也同样有许多形状是菱形的物品，像扑克牌上的方块的形状就是菱形。

呈梯形形状的则有布丁切面、学校体育课用的跳箱等物品。除此之外还有很多形状是梯形的物品，同学们也从身边物品中找找看吧。

---

[1] 在日本拿到驾驶证未满一年的驾驶员上路需要贴上若叶标志。——译者注

不可思议的角度

这一小节，让我们一起来看一看三角形的三个角中隐藏的一些小秘密吧。首先，请大家在纸上剪出一个三角形，然后把它的三个角都撕下来，再将撕下来的这三个部分以角对角的方式拼起来。不可思议的事情发生了！拼起来的三个角下方竟然连成了一条直线。

接下来，请大家测量一下这三个角的度数，然后将它们相加。应该不难发现，这三个角相加等于180度。180度就是一个平角的度数，因此，将刚才的三个角以角对角的方式拼起来，会得到一条直线。

不管是哪种三角形，它的三个角的度数相加都一定是180度。

三角形内角的度数

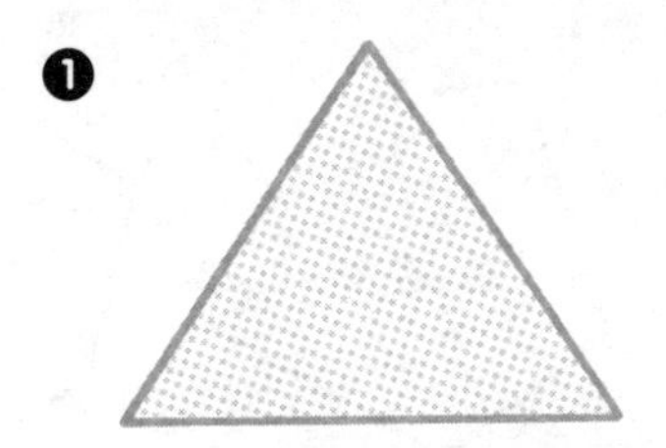

在纸上剪出一个三角形

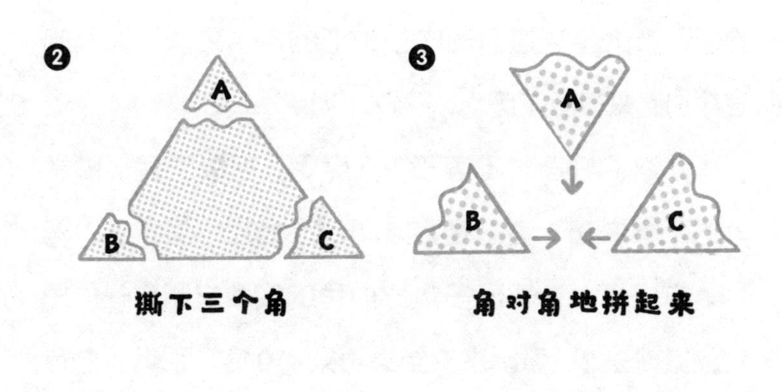

撕下三个角

角对角地拼起来

下方连成了一条直线！

内角之和是多少

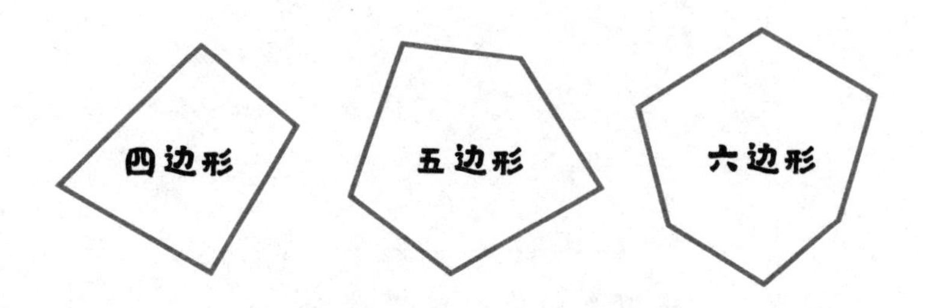

那么，四边形、五边形和六边形的情况又是怎样的呢？请大家测量上图中多边形的各个内角，把角的度数加起来算一下吧。

哎呀，好像并不等于 180 度呢。可以发现，随着角的个数增加，角的度数之和也会增加。事实上，有一个方法可以计算出多边形内角的度数之和——“角的数量减去 2”算出来的结果再乘 180 度。那么，为什么这个公式可以用来计算多边形的内角和呢？

多边形内角和的计算公式

（角的数量 -2）× 180°

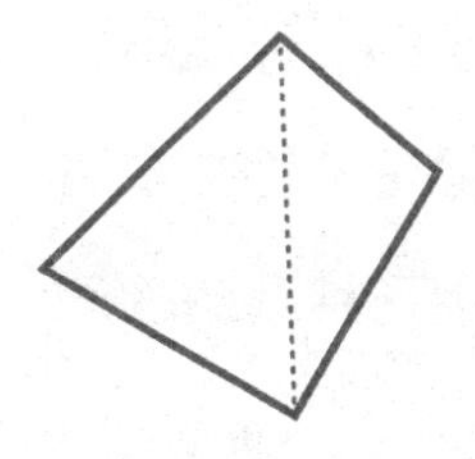

四边形内角和是 360°

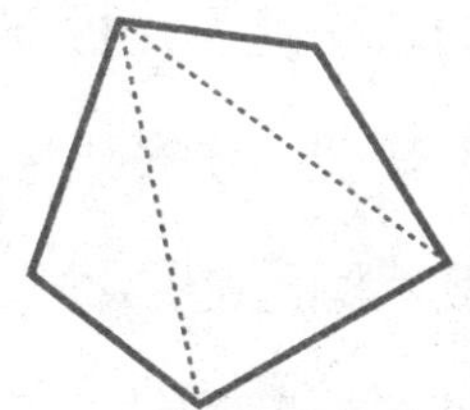

五边形内角和是 540°

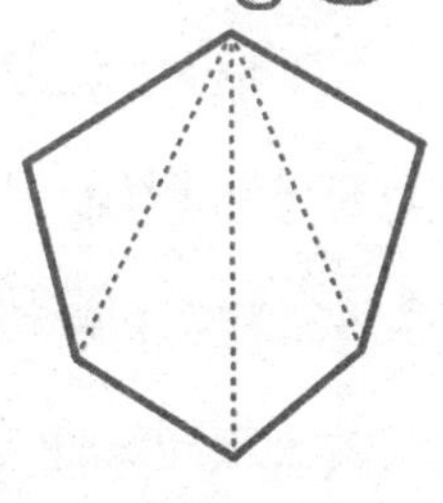

六边形内角和是 720°

其实呀，只要从多边形的一个角开始，向其他的角画对角线，就能把多边形分成几个三角形了。四边形能够分成两个三角形；而五边形则能够分成 3 个三角形。可以发现，得到的三角形的数量都是“角的数量减去 2”，而三角形的内角度数和是 180 度，所以，多边形的内角之和就可以通过“角的数量减去 2 的差再乘 180 度”的方法算出来了。

多边形 圆形 扇形

这一小节让我们来研究下一页图中的正多边形和圆形吧。同学们知不知道，正多边形随着角的数量增加，形状会越来越接近圆圆的形状。像这种圆圆的形状，在数学里我们称之为“圆形”。

生活中有许许多多圆形的东西：从上往下看杯口的形状，还有汽车轮胎的形状都是圆形的。那么，为什么我们身边会有这么多东西是圆形的呢？

同学们不妨设想一下，如果汽车的轮胎是四四方方的，那将会是什么样的场景呢？每次轮胎转动的时候，汽车都会颠颠簸簸、摇来晃去的，大家坐在那种车上肯定不舒服吧。

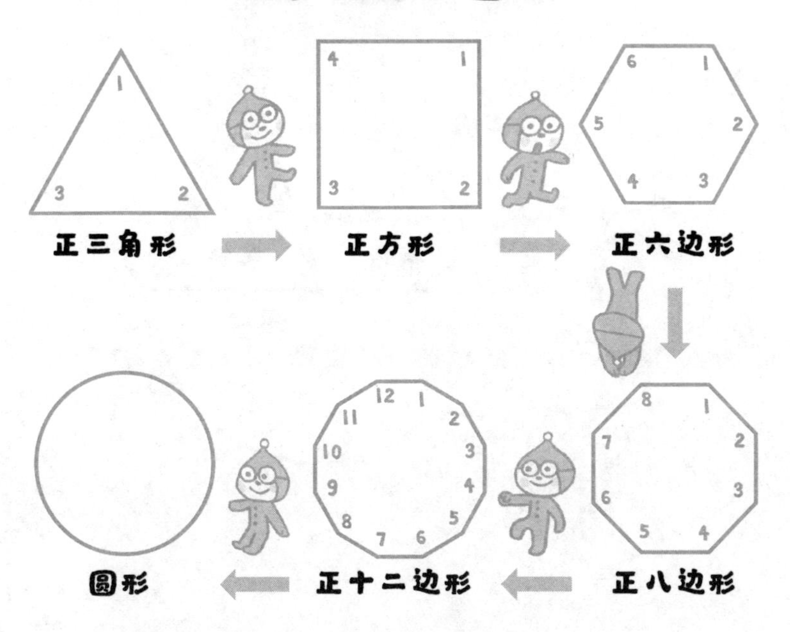

如果茶杯是四四方方的形状又会怎样呢？当然，在生活中也有四方形的茶杯，但是使用这种杯子喝水时，水很容易漏出来。所以，一般来说，茶杯大多会制作成圆形，不论从哪个位置喝水都比较方便。

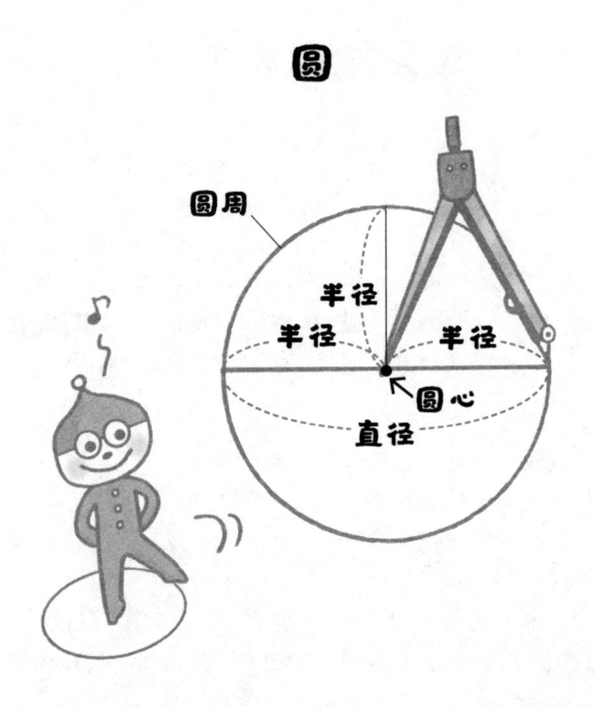

同学们平时画圆的时候，是不是都会使用圆规呀？

用圆规画圆时，针尖所在的点，我们称之为“圆心”。以圆心为支撑点，使用圆规画出来的圆形轮廓我们就称之为“圆周”。圆规的针尖到笔尖的长度，也就是连接圆心和圆上任意一点的线段，我们称之为“半径”。同一个圆的半径都相等。此外，我们称通过圆心并且两端都在圆上的线段为“直径”。

扇形

同一个圆直径的长度是其半径的两倍。

如果想将一个圆形蛋糕平均分给 6 个人，那么按照上图的切法应该是最佳的。每一小份蛋糕的形状都像是一把扇子，所以我们称这种形状为“扇形”。扇形中的曲线，也就是圆上两点之间的部分被称为“弧”。

正六边形的奥秘

所有边长均相等、内角的度数均相等的六边形，也就是正六边形，其实也经常出现在我们生活中。比如蜂巢和雪花结晶就是正六边形，钻石也是由无数个正六边形排列而成的。

那么，我们身边为什么会有这么多正六边形的物体呢？其实呀，只要把正六边形排放在一起就能知道答案了。同学们不妨看一看下一页图中由正六边形排列而成的蜂巢，与圆形的组合所不同的是，正六边形排列后中间完全没有缝隙。

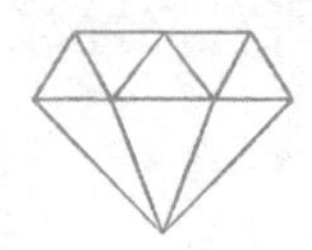

正六边形、圆形和四边形的排列

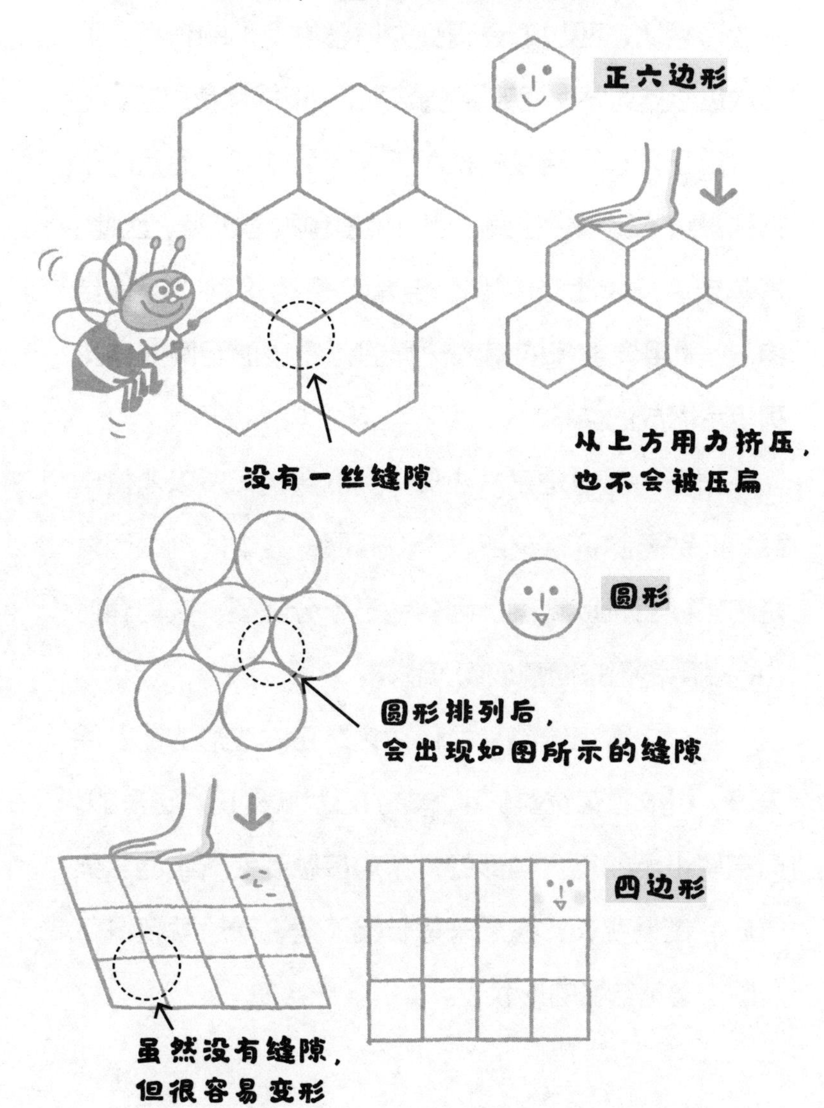

虽然四边形排列后被挤压也没有缝隙，但是与正六边形相比，四边形具有受力后容易变形的缺点。而正六边形排列后即使被用力挤压，也能够保持原状。

用正六边形组成的框架不仅十分结实，而且由于排列紧密不留多余空间，所以重量也相对较轻。因此，汽车或者飞机上的零件，经常会使用这种“蜂巢结构”，即用像蜜蜂的巢穴一样的正六边形无间隙地排列组合而成的结构。

钻石内部也是正六边形排列的结构，所以非常坚硬。而钻石的价格之所以十分高昂，其中一个原因就是它坚硬且难以切割。因为钻石十分坚硬，人们有时也会使用钻石来切割玻璃等物体。

那么，雪花结晶又为什么会是正六边形的呢？原来呀，组成雪花结晶的小冰粒的形状就是正六边形的。而这些小小的正六边形的六个角接触到空气中的水蒸气后会慢慢变长，看起来像长出了角，最后就变成下页图中雪花结晶的形状了。

“厉害”的正六边形

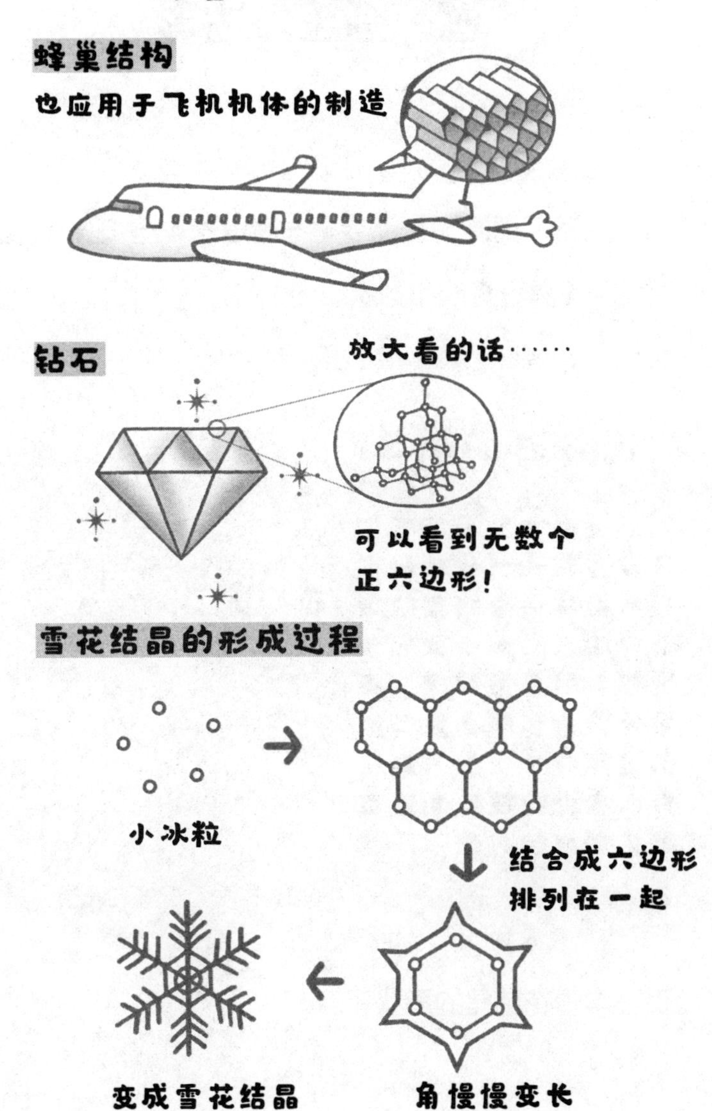

蜂巢结构
也应用于飞机机体的制造
钻石
放大看的话……
可以看到无数个
正六边形！
雪花结晶的形成过程
小冰粒
结合成六边形
排列在一起
角慢慢变长
变成雪花结晶

画一画正多边形

现在，请同学们动手画一画正多边形吧。我们要用到的工具有直尺和圆规。

正方形的画法

要画一个正方形，只需要先画一条线段，然后再从这条线段的端点开始，画一条和它长度相等的垂直线段，再重复这个步骤画完其他的边就好了。接下来将为大家介绍使用圆规来画正方形的方法。

使用圆规画正方形的方法

① 用圆规画一个圆；

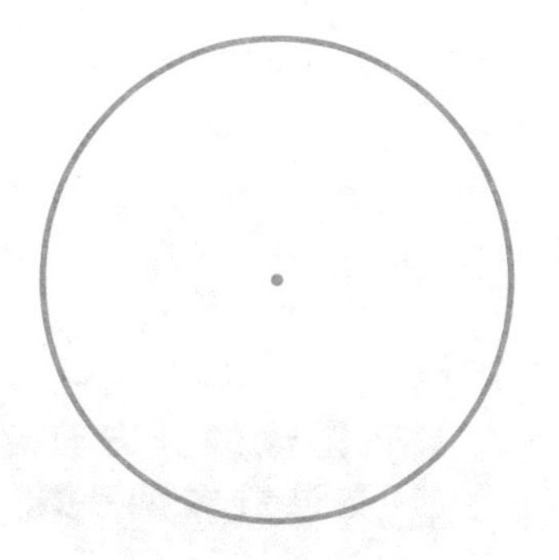

② 画一条经过圆心的直线连接圆的两端（也就是圆的直径）；

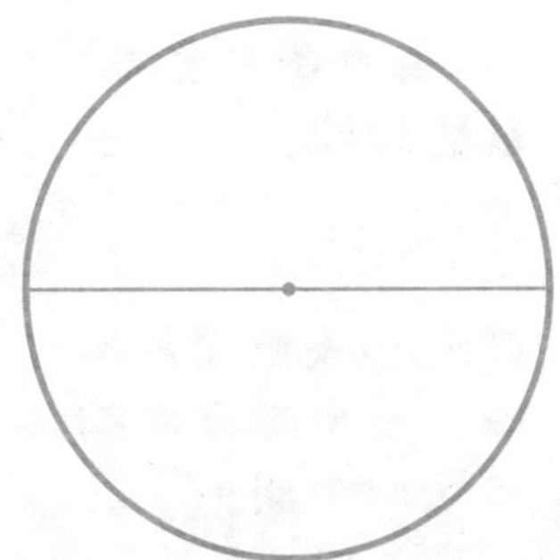

③ 再画一条直径，使它和前一条直径垂直；

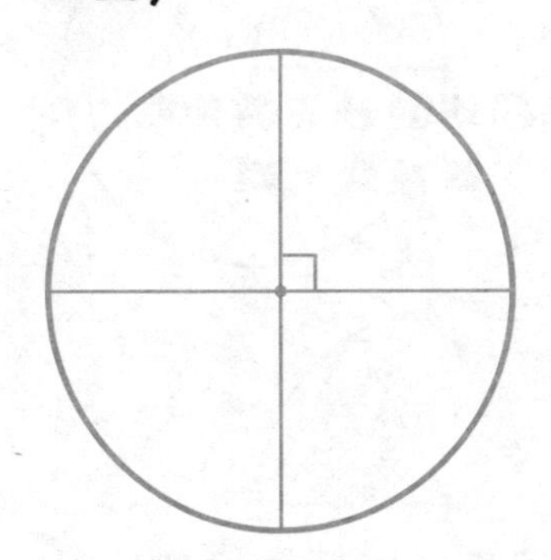

④ 把圆与直径所有的相交点用直线连接起来。

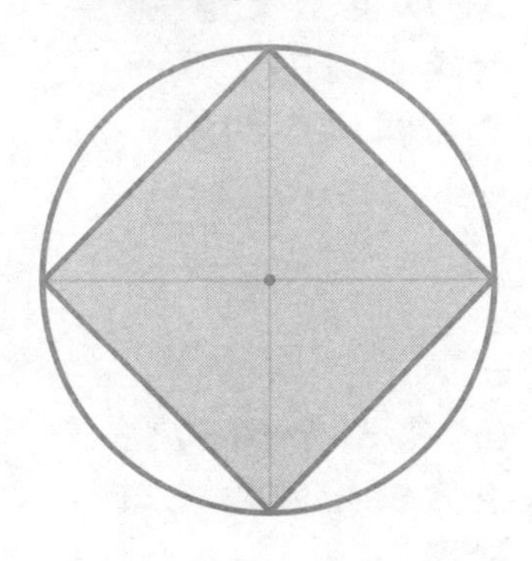

正方形就画好了！

正三角形的画法

只要重复画两个大小一样的圆，就能够画出正三角形了。这种画正三角形的方法不需要使用量角器。

---

① 画一条任意长度的线段；

② 以这条线段为半径、一个端点为圆心画一个圆；

将圆规的针尖固定在该线段的一端

③ 以该线段的另一端点为圆心画一个同样大小的圆；

将圆规的针尖固定在线段另一端

④ 将两个圆的交点与该线段的两端相连。

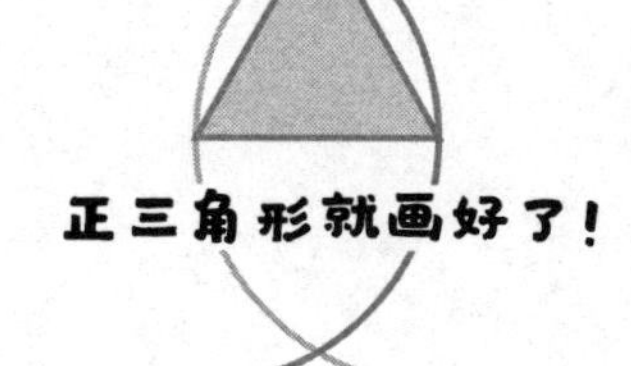

正六边形的画法

用前一页的方法画出正三角形之后，我们再继续使用该方法来画一个正六边形吧。

---

①在前一页图④相反的方向上，再画一个正三角形；

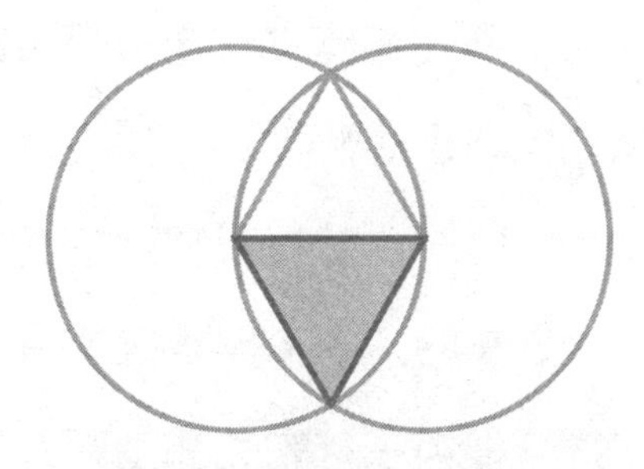

②延长两个正三角形同侧的边和公共底边，直到与圆周相交；

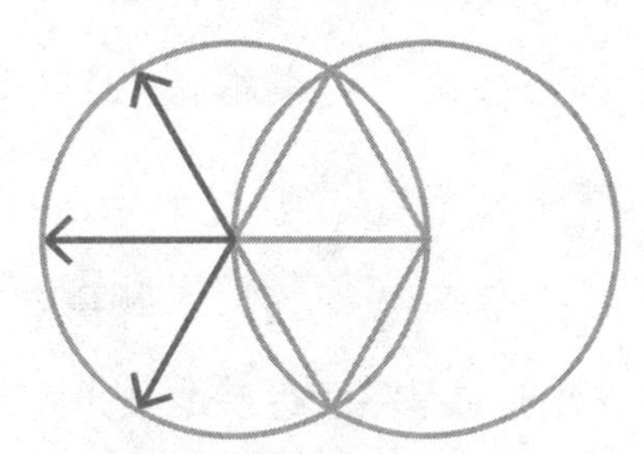

③将两个正三角形另一侧的三个顶点及所有圆周与延长线的交点相连。

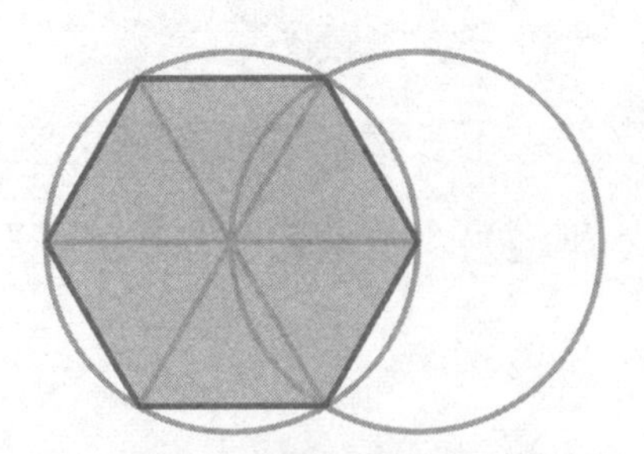

正六边形就画好了！

圆周与圆周率

不知道同学们有没有对圆的周长感到好奇而用尺子去测量过呢?

这一小节里我们就来试试测量半径为 4 厘米的圆的周长吧。由于用直尺测量曲线会比较困难，请大家找一根绳子来辅助测量吧。不知道大家测量出的结果是多少呢? 可能很多同学的答案都是 25 厘米或者 26 厘米。

接下来，我们再测量一下半径为 2 厘米的圆的周长吧。这次的结果是多少呢? 回答 12.5 厘米或者 13 厘米的同学比较多呢。

下一页将演示圆形的测量方法，同学们可以画出半径为 4 厘米和 2 厘米的圆形进行测量。

测量圆的周长

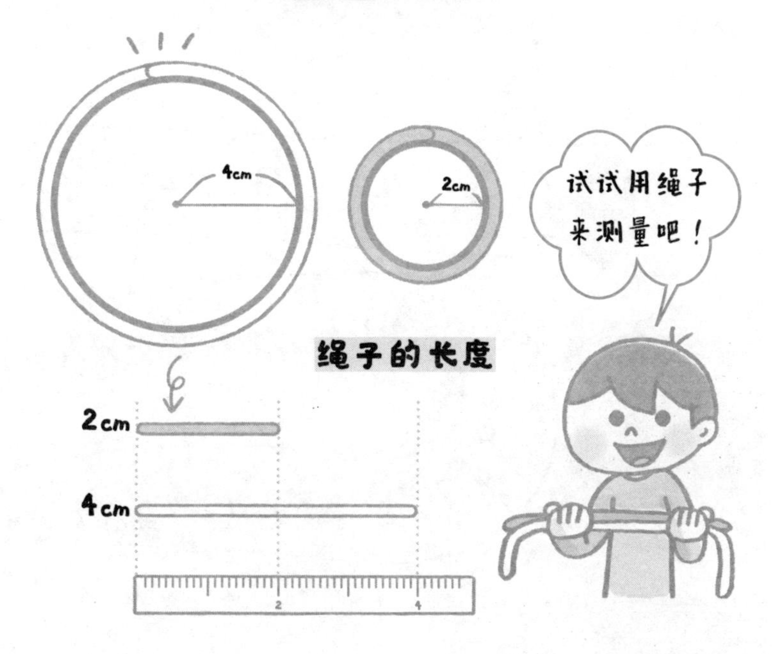

最后，请同学们用圆的周长除以直径（长度为半径的两倍），算一算得到的结果是多少呢？3？3.1？3.15？好像并不能整除。但是无论哪个结果，得到的数都会比 3 大一些吧？

其实呀，一个圆的周长大约是这个圆直径的 3.14 倍。3.14 这个数则被我们称为“圆周率”。

无穷无尽的圆周率

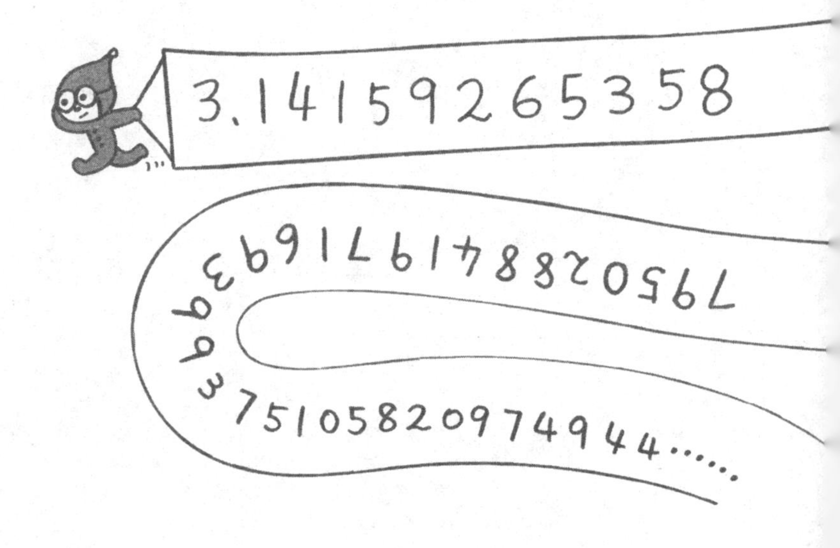

不管一个圆的半径是多长，因为圆周率的存在，我们都能计算出那个圆大概的周长。

不过，只能计算出“大概”的长度总感觉不够严谨，同学们肯定想要计算出圆周长的准确长度吧。然而，圆周率小数点之后的数字无穷无尽，所以，人们才采用其“大概为 3.14”来计算圆的周长。

从很久以前开始，无穷无尽的圆周率就一直吸引着那些热衷数学计算的人们。也有许多人，以挑战背诵圆周率更多的位数为荣。

同学们不妨来试一试，看看自己能够记住圆周率的多少位数哟！

形状一模一样的两个图形

小花同学有一个非常喜欢的画着小熊图案的垫子，她很爱护这个垫子，使用得非常小心。有一天，小花的朋友对小花说：“看，我爸爸也给我买了一个小熊图案的垫子。”小花仔细一看，发现朋友拿出来的垫子虽然与自己的垫子颜色不同，但是上面的确有一个一模一样的小熊图案。

小琳同学每次去上钢琴课时，都会把乐谱装在自己非常喜欢的一个手提包里。这个手提包上画满了樱桃图案，每个樱桃都是一模一样的。

大家身边的“全等”的图形

一模一样呢！

除了颜色不同外，
其他都一模一样的垫子

画满了一模一样的樱桃！

这两个三角形全等吗

像这种完全一样的图形，在数学中我们称之为“全等图形”。那么，请同学们仔细看一看，上图中的两个三角形是不是全等的呢？乍一看，这两个图形好像完全不同，但如果将其中一个三角形描在透写纸（半透明的薄纸）上，然后把透写纸上的三角形与另一个三角形重叠就会发现，这两个三角形是完全一样的。也就是说，这两个三角形全等。那么，如果手边没有透写纸，又该如何确认两个三角形是否全等呢?

这时候呀，我们就需要借助直尺和量角器这两个工具了。同学们可以通过把三角形的所有边长和所有角度都测量一遍的方法来对比两个三角形。如果两个三角形的三条边的长度和三个角的度数都对应相等，那么这两个三角形就是“全等”的。四边形是否全等的判断方法也是一样的。

“那么，就请同学们试着先画一个三角形，再画出它的全等三角形吧。”

听到老师布置的任务之后，同学们都开始画全等三角形了。可是，小强同学却觉得很麻烦，他心想：要测量三角形全部的边和角实在是太麻烦了。于是，他开始思考更简单的画全等三角形的方法。他先测量了三角形的一条边，把长度记在本子上；然后又测量了一个角，同样把结果记在本子上。

就在测量三角形的第二条边时，他突然想：只要把这两条边的另一个端点相连，不就可以画成一个三角形了吗？

小强同学发现了一个很关键的问题：只要知道一个三角形两条边的边长和这两条边的夹角度数，就能画出这个三角形的全等三角形了。那么，如果只知道三角形的一条边长，需要测量这个三角形的几个角才能画出它的全等三角形呢？同学们看看下一页的图应该就能明白了，答案是需要测量两个角的度数。

在画全等四边形、五边形时，同样也有更简便的方法。那就请同学们自己动动脑筋试一试，看看有什么必需的条件吧！

试着画一画全等的三角形吧

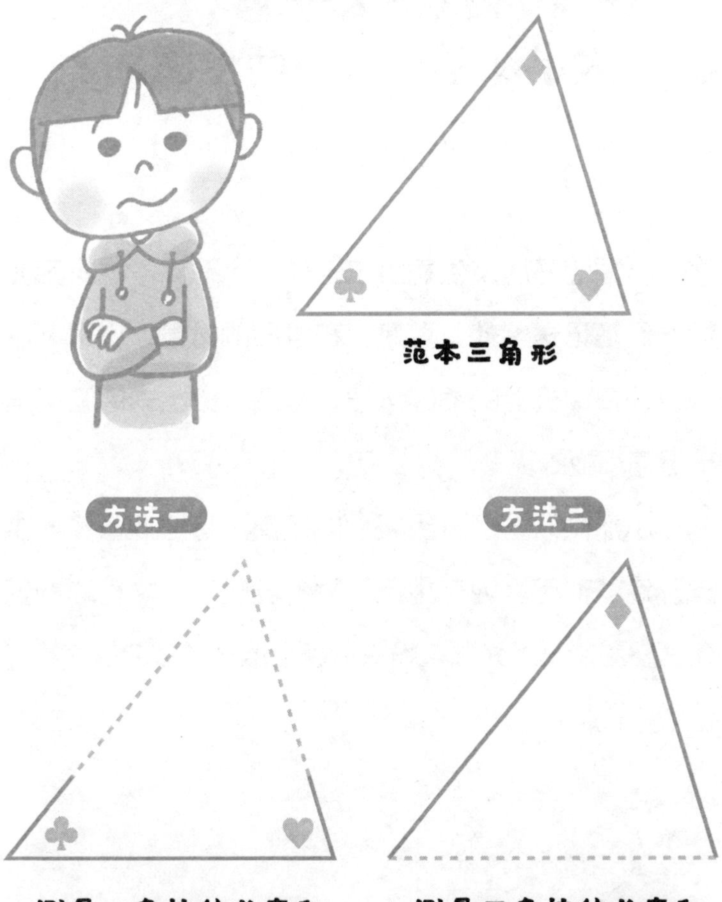

形状一模一样，大小却不一样的两个图形

小军的好朋友生病没来上课，小军同学就决定复印一份笔记送给他。可是，在复印的时候，小军不小心按了复印机上的缩印按钮，结果复印出来的笔记是一份缩小版的。

小丽同学为了班级聚会的表演，特地准备了一个皮影戏的节目。她在排练的时候发现了一个有趣的现象：皮影越靠近光源，投在屏幕上的影子就会越大！

小军同学笔记上的三角形和复印的缩小版的笔记上的三角形，形状是一模一样的。那么，请问这两个三角形也是全等的吗？答案是否定的，因为这两个三角形的大小不一样，所以它们并不是全等的。小丽同学的皮影戏的影子也是同样的道理。

像这种形状相同、大小不同的两个图形，在数学中我们称之为“相似图形”或者“相似形”。

相似三角形

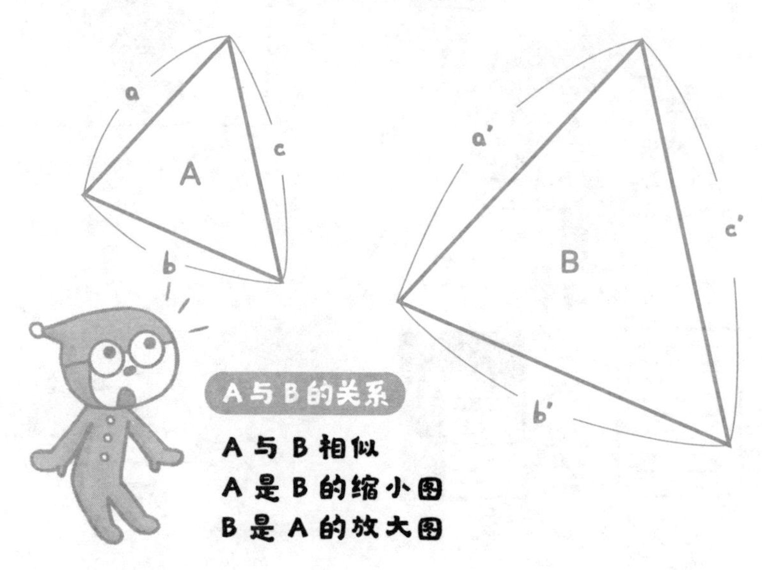

在上一小节我们学习过两个全等三角形的三条边和三个角都对应相等。那么，两个相似三角形又有什么是相等的呢？请同学们动动手，测量一下上面三角形A和三角形B的各个角的度数和边的长度吧。

怎么样？是不是发现这两个三角形的所有角的度数都分别相等，但是边长却不相等呢。接下来，再请大家算一算上面三角形B的a' 边是三角形A的a边边长的多少倍呢？

同样也算一算，三角形 B 的 b' 边是三角形 A 的 b 边边长的多少倍呢？

通过计算大家是不是发现这两组边的比例是相同的呢？真棒！相似三角形的定义就是，两个三角形对应三个角的度数分别相等，对应边的长度放大或缩小的比例也是相同的。

比原来的图形更大的相似形我们就称之为“放大图”，更小的相似形我们就称之为“缩小图”。皮影能变大变小，就是用了放大图和缩小图的原理。

放大图我们通常会说是“几倍”的放大图，这里面的“几倍”我们称其为“倍率”，这个词语经常会被用在复印机或望远镜上。而缩小图通常会说是“几分之一”的缩小图，此时的“几分之一”我们称其为“比例尺”，这个词语则经常会被用于地图上。

画一画放大图和缩小图

方法一 利用到电灯的距离画图

在皮影戏中，电灯离屏幕距离越远，投影出来的图像就越大；距离越近，投影出来的图像就越小。在这里，我们就利用这个方法来画一画放大图和缩小图吧。

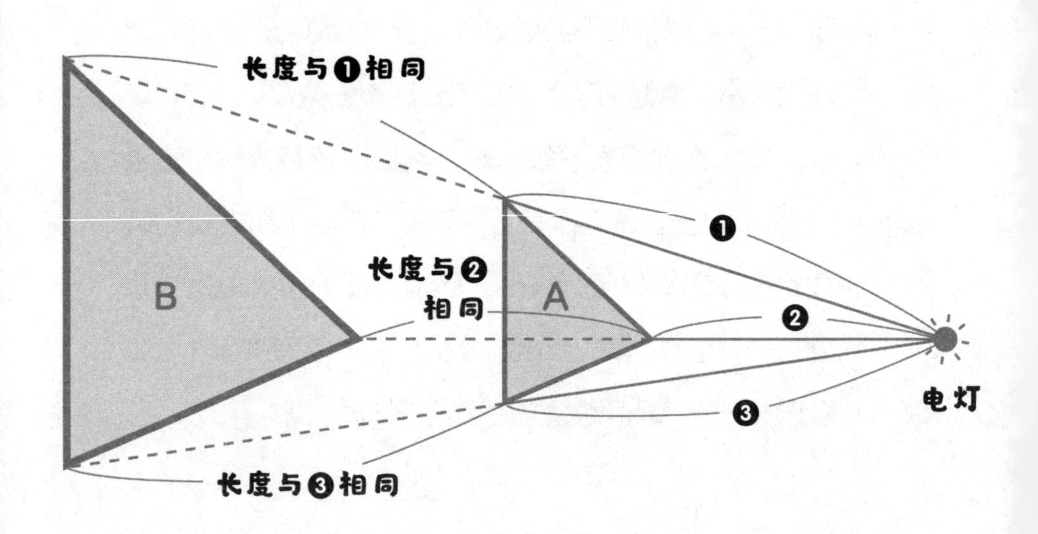

图形A的2倍放大图B的画法

- 首先，从电灯处出发，画三条线分别连接三角形A的三个角的顶点；
- 然后，将这三条线段延长至原来长度的2倍；
- 接下来，将延长后的三条线的端点相连，就可以画出三角形A的2倍的放大图三角形B了。

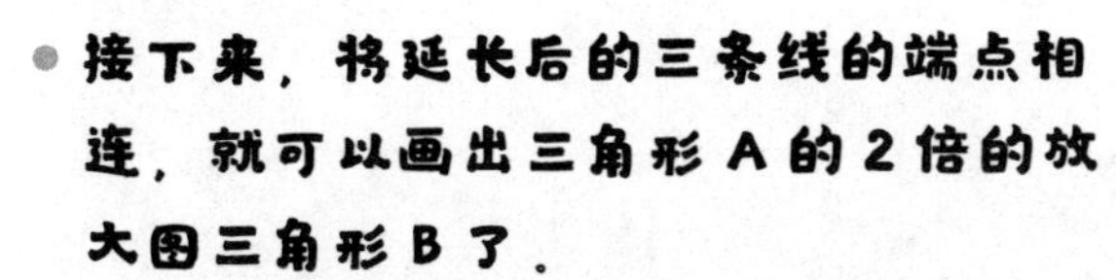

- 如果想要画3倍或者4倍的图形，只需要将该线段延长至原来的3倍或者4倍就好了。

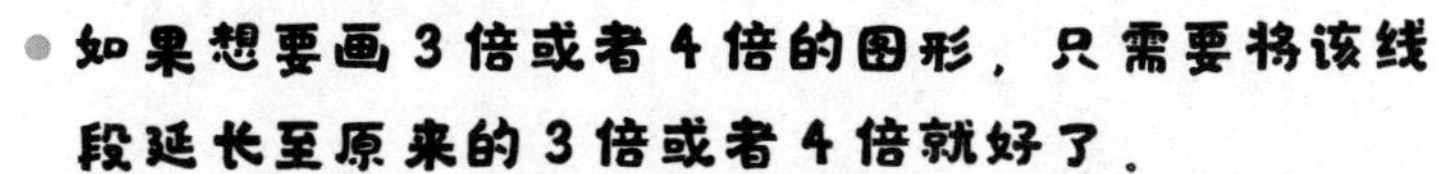

使用同样的方法也能画出三角形B的$\frac{1}{2}$缩小图

- 首先，从三角形B的三个顶点出发，画三条线段分别连接电灯处；
- 然后，找到这三条线段的中点；
- 接下来，只需要将三个中点相连，就可以画出三角形B的$\frac{1}{2}$缩小图三角形A了。

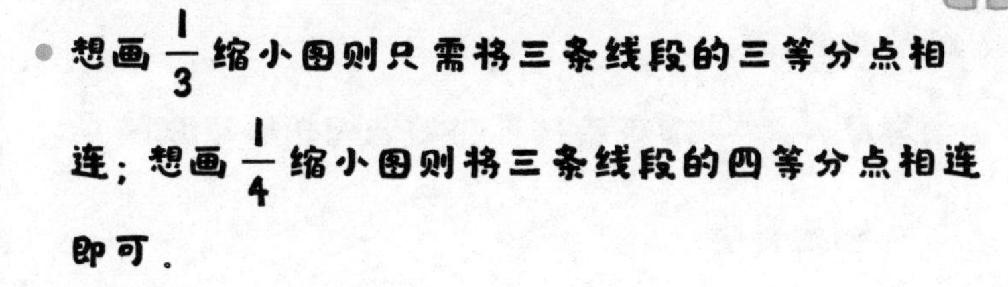

- 想画$\frac{1}{3}$缩小图则只需将三条线段的三等分点相连；想画$\frac{1}{4}$缩小图则将三条线段的四等分点相连即可。

方法二 将边长延长或缩短的画法

这种画放大图和缩小图的方法更加简单。

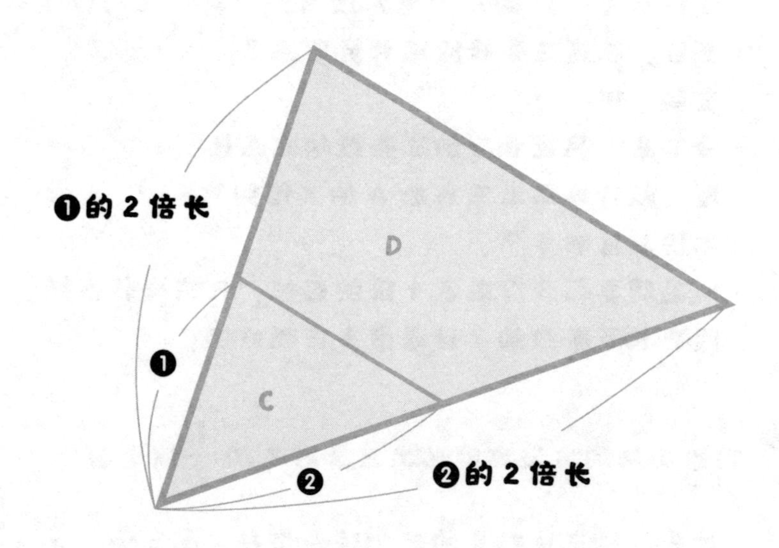

三角形C的2倍放大图三角形D的画法

- 首先，将三角形C的两条边延长至原来的2倍；
- 然后，将延长后的线段的端点相连，即可画出2倍的放大图了。
- 想要画$\frac{1}{2}$、$\frac{1}{3}$缩小图只要将边长缩短为原来的$\frac{1}{2}$、$\frac{1}{3}$后相连即可。

四边形的情况……

- 首先，将图形 E 中夹着一个角的两条边延长至原来的 2 倍；
- 然后，再将从该角出发的对角线也延长至原来的 2 倍；
- 接下来，将这些延长后的线段的端点相连，即可画出 2 倍的放大图了。
- 想要画 $\frac{1}{2}$、$\frac{1}{3}$ 缩小图只要将同一个角的两条边和一条对角线缩短为原来的 $\frac{1}{2}$、$\frac{1}{3}$ 后相连即可。

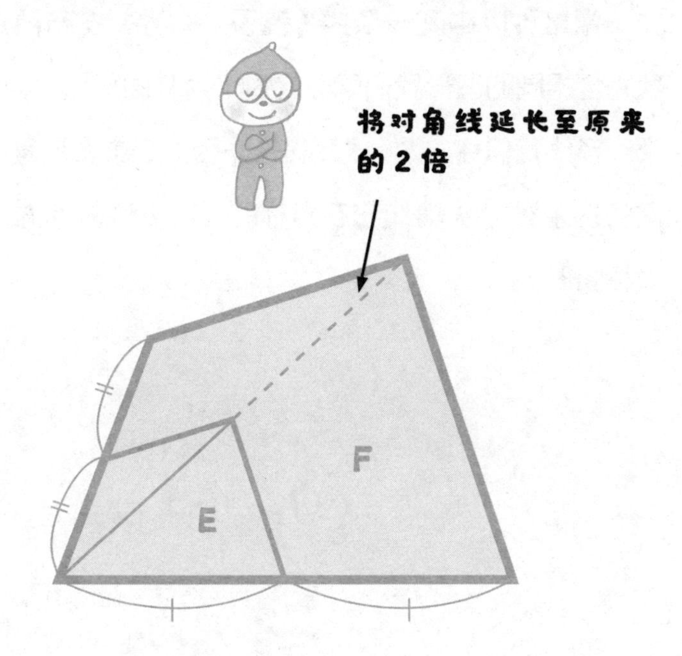

对称的图形

不知道同学们有没有用镜子玩过下一页有趣的游戏呢?

站在镜子旁露出身体的一半，然后将一只脚抬起来。于是，镜子中自己的样子看起来就仿佛是浮在空中一样。

像这种以中间一条线（镜子）为界，左右两边形状完全相同的图形我们就称之为“对称图形”。中间的那一条线我们称之为“对称轴”。因为这类图形是以中间的这条线为“轴”左右对称的，所以也被称为“轴对称图形”。

轴对称图形

在对称关系中，除了轴对称以外，还有一种关系叫作“中心对称”。这种对称讲的是将一个图形绕着某一点旋转 180 度，旋转后的图形与原图形重合。

说起我们身边的中心对称的物品，那第一个想到的应该是风车吧。将风车沿着中心线对折，左右并不是对称的。但是，如果将一边旋转 180 度，旋转后的图形却能与原来的图形重合。

中心对称图形

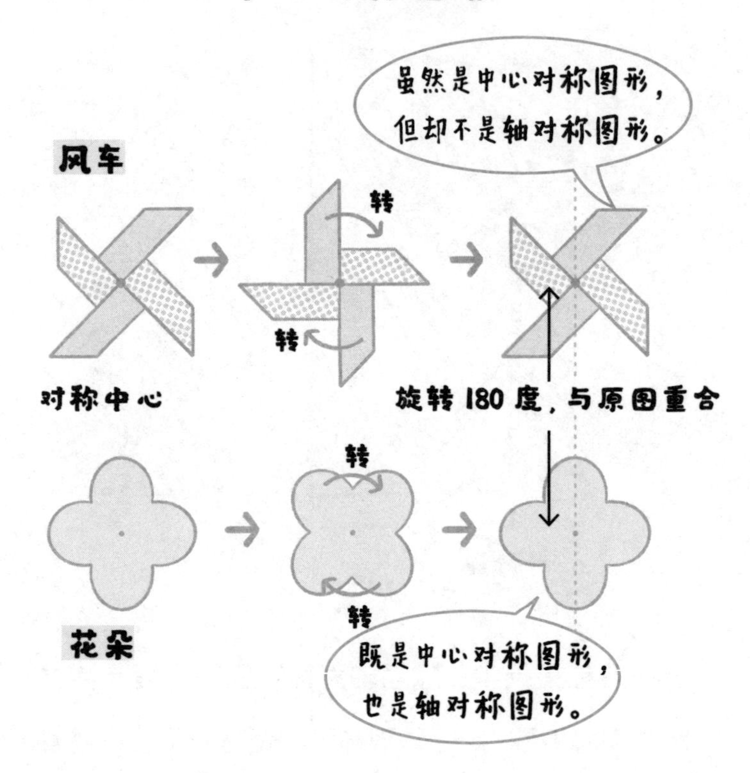

风车的中心，也就是中心对称图形的中心，我们称之为“对称中心”。

大家的身边有许许多多轴对称和中心对称的物品。仔细观察还能找到不少既是轴对称，又是中心对称的图形哟。那么，同学们就找找看吧！

用纸做出轴对称和中心对称图形

让我们使用手工纸来制作轴对称和中心对称的图形吧.

轴对称图形

① 将手工纸对折；

② 剪出你喜欢的形状；

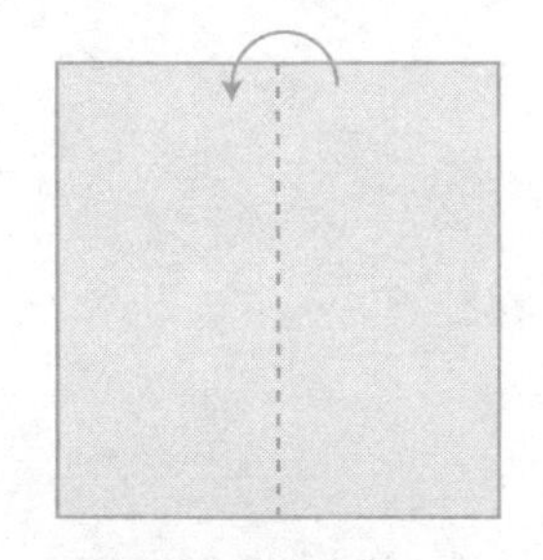

③ 展开的图形就是轴对称图形.

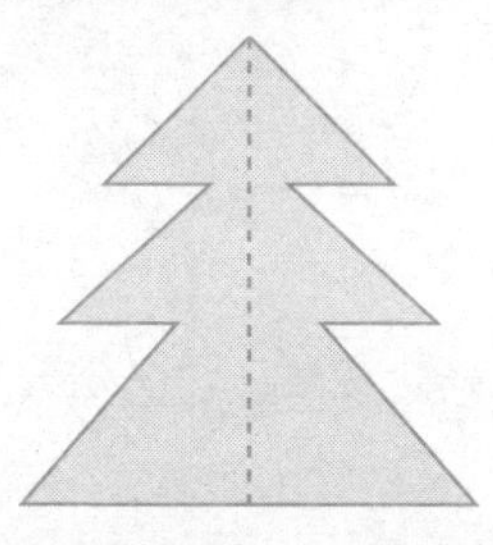

旋转 180° 后……

得到的图形和原来的图形不重合，所以这个图形并不是中心对称图形.

中心对称图形

①按上一页的步骤做一个轴对称的图形；

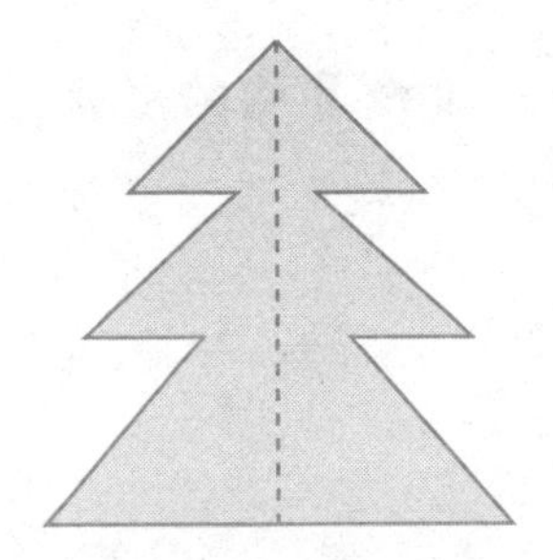

②沿着中间的线（对称轴）把它剪成两半；

③将其中一半反过来，与另一半粘在一起。

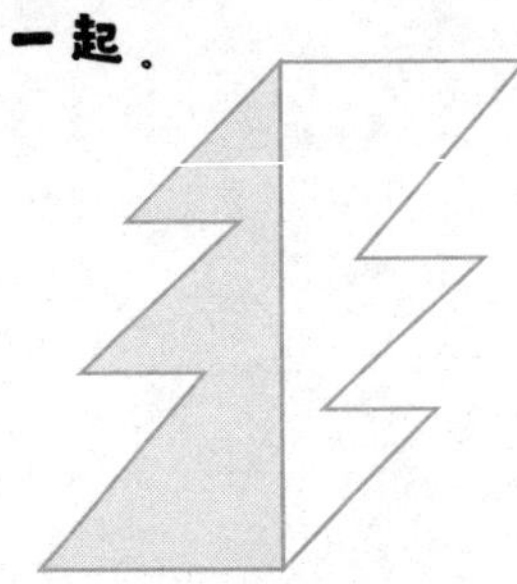

旋转 180° 后……

得到的图形和原来的图形重合，所以这个图形是中心对称图形。

既是轴对称，又是中心对称的图形

① 首先，将手工纸纵向对折一次；

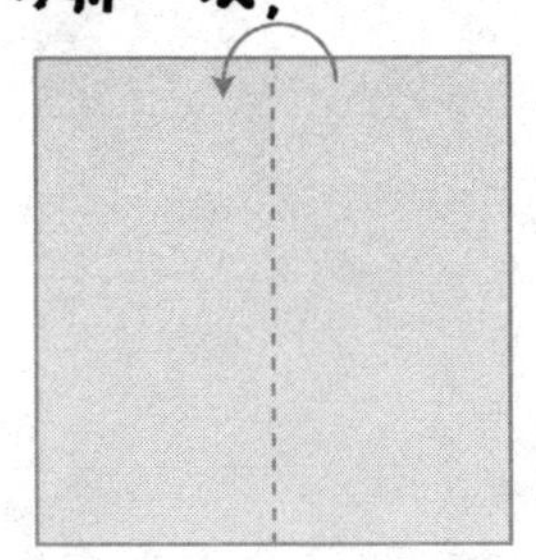

② 再横向对折一次；

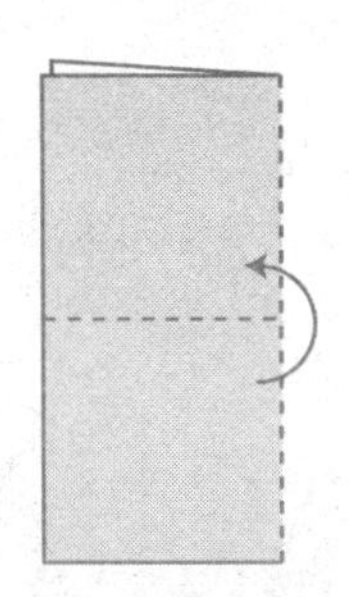

③ 剪出你喜欢的形状；

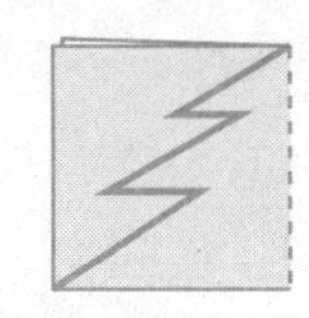

④ 将折纸展开就能得到轴对称图形了。

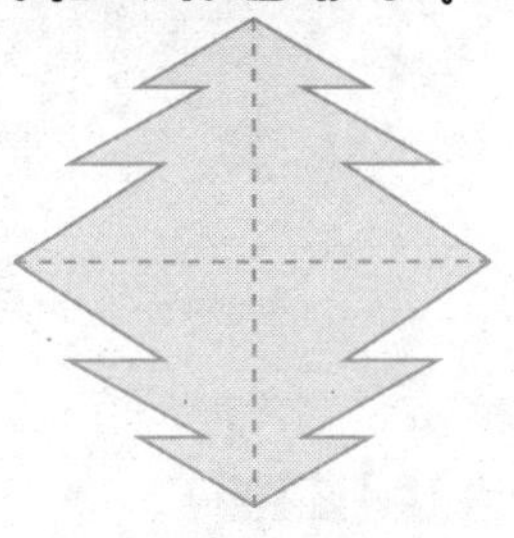

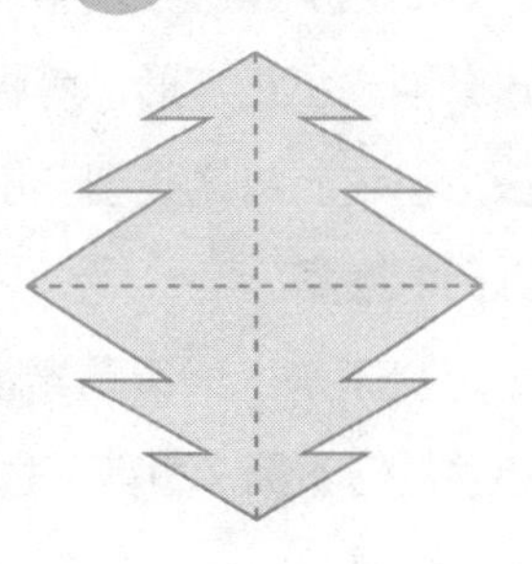

得到的图形与旋转之前的图形重合，所以这个图形也是中心对称图形。

动动手

来玩七巧板

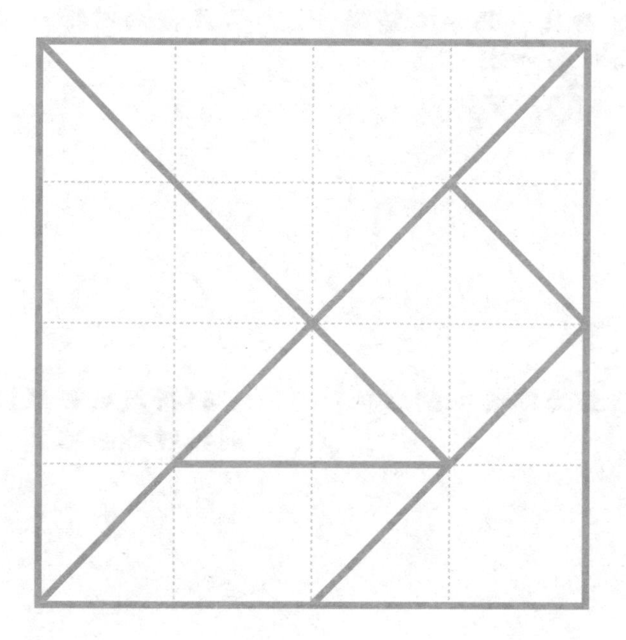

什么是七巧板?

七巧板是起源于中国的一种传统益智玩具，由一个大正方形分割成小正方形、等腰直角三角形和平行四边形等共计 7 个图形小块。将这些图形小块灵活地组合起来，可以拼凑出五花八门的图案。

接下来，就请同学们从书后附赠的《重点知识巩固手册：小学几何》第 7 页剪下七巧板，一起来拼各种各样的图案吧！

七巧板大挑战

请同学们通过组合七巧板，拼出下列 7 种图案吧！
注意，拼凑时一定要将 7 个图形小块全部用上哟。
答案在下一页。

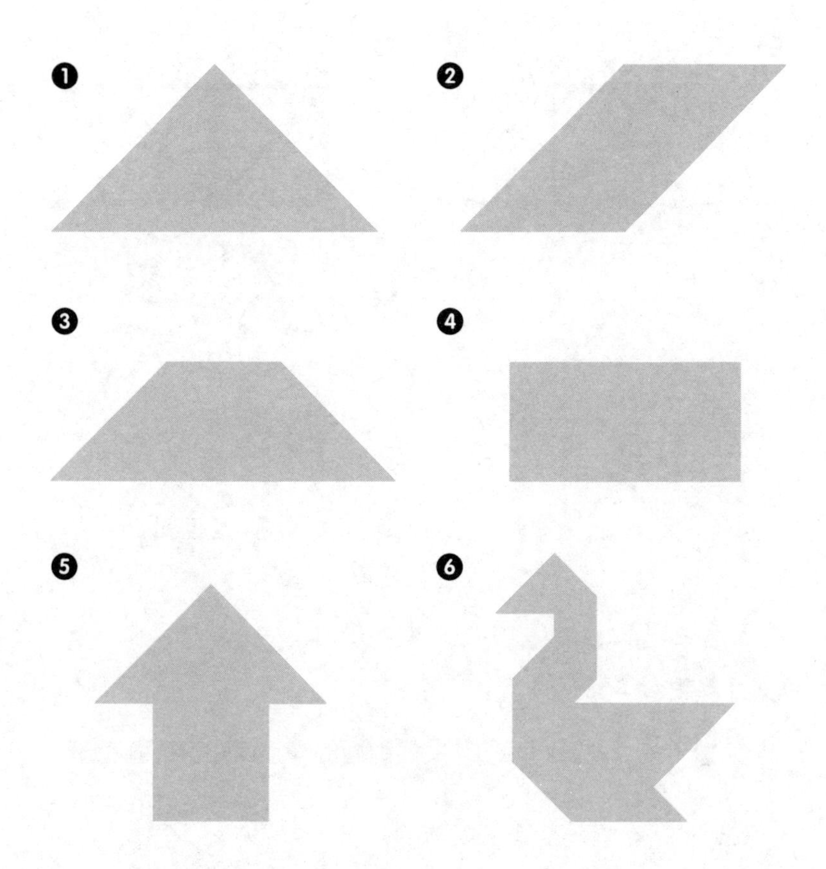

答案

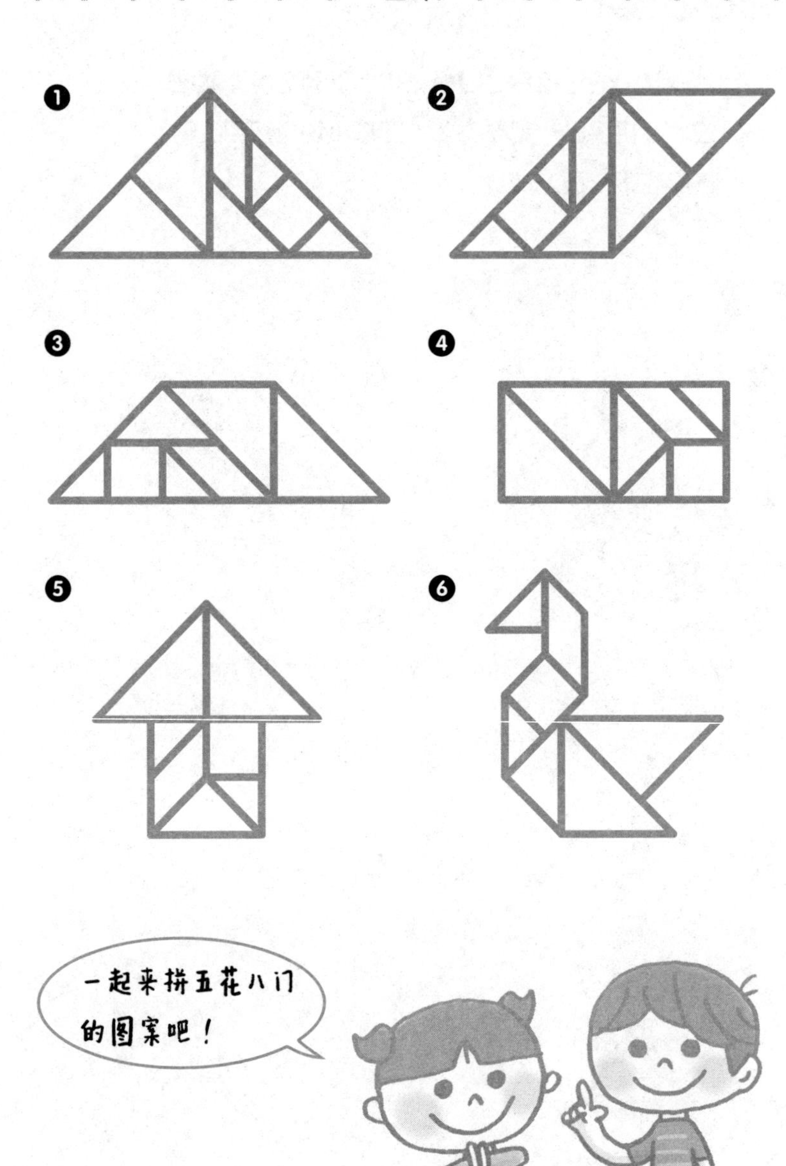

平面图形的测量

四边形的面积

这一天，小果同学看到一张卖房子的广告传单，于是她拿起传单仔细研究了起来。

“右边的房间和左边的房间，到底哪一个更大呢？”小果好奇了起来。

原来，因为一边的房间是正方形，而另一边的房间是长方形，所以乍一看根本看不出到底哪一个房间更大。于是，小果同学干脆把传单上面两个房间的形状剪下来，想要叠起来对比。

可是，因为它们的形状不同，所以重叠的方法也比较不出大小。

比比哪个房间更大

请大家也一起来思考：到底用什么方法才能够比较出两个房间哪个更大呢？用1米长的小正方形作测量单位，把这两个房间全都分成边长1米的小正方形。正方形房间长和宽都是4米，所以细分成边长为1米的小正方形之后，每行有4个小正方形，一共有4行。那么，这里面一共有多少个边长为1米的小正方形呢？答案是每行4个小正方形乘4行，一共是16个小正方形。

正方形和长方形面积的算法

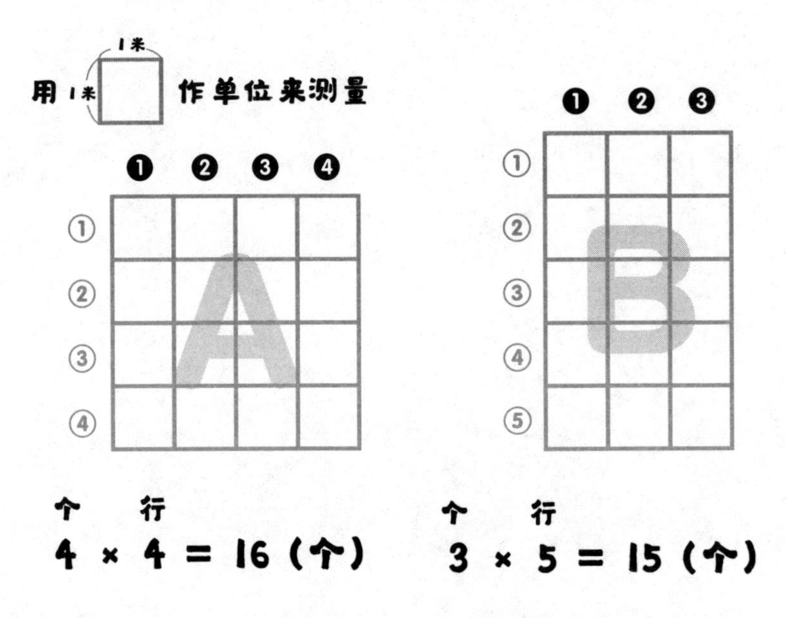

那么，长为 5 米，宽为 3 米的长方形房间的情况又会如何呢？细分成边长为 1 米的正方形之后，长方形房间就分成了每行 3 个小正方形乘 5 行小正方形，一共是 15 个小正方形。这时候，我们只需要比较两个房间的小正方形数量就可以发现，正方形房间的小正方形数量要比长方形房间的小正方形数量多，所以我们可以得出结论：正方形的房间比长方形的房间大。

在数学当中，刚才我们所说的房间大小被称为“面积”。长方形和正方形的面积，都可以通过横着的边长（长）乘竖着的边长（宽）来求得。边长为1米的小正方形的面积为：$1\ m\times1\ m=1\ m^2$。面积的单位是m^2，读作平方米。前面说的正方形房间，由16个$1\ m^2$的小正方形组成，所以面积是$16m^2$；同理，长方形房间的面积则为$15\ m^2$。如果图形的长和宽的长度单位均为cm（厘米），面积的单位为cm^2（平方厘米）。

那么，平行四边形的面积又该如何计算呢？也许大家会认为同样可以用横边长度乘竖边长度的方法计算，那么，我们还是先用刚才的小正方形来验证一下这种方法是否可行吧。

想要把平行四边形分成小正方形，肯定不像前面细分正方形和长方形那样，全都能分成完整的小正方形。

操作后就能发现，不论如何细分，总会多出来一部分无法细分出符合要求的小正方形。那么，这部分面积我们应该如何来求呢？

为了方便理解，我们现在动手在方格纸上画一个平行四边形。然后将其中一侧多出来的三角形部分用剪刀剪下来，拼接到另一侧的三角形部分，如此一来，平行四边形就变成长方形了。拼接成长方形之后，我们再来数其中边长为 1 cm 的小正方形的个数。一共有 5 行，每行有 8 个小正方形，所以一共有 40 个小正方形，也就是说这个平形四边形的面积为 40 cm^2。

平行四边形的面积，用底乘高就能算出来了。从平行四边形一条边上的一点向对边引一条垂线，这点和垂足之间的线段叫作平行四边形的高，垂足所在的边叫作平行四边形的底。

平行四边形面积的算法

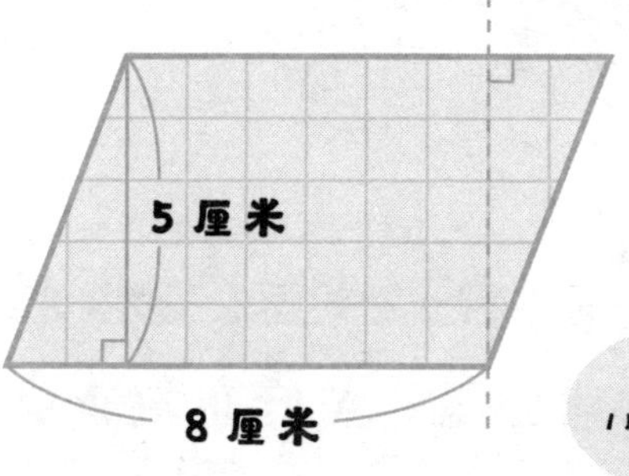

①从平行四边形一个角的顶点出发，向对边画垂线，将平行四边形分成长方形和直角三角形；

1厘米
1厘米 的小正方形一共有几个呢？

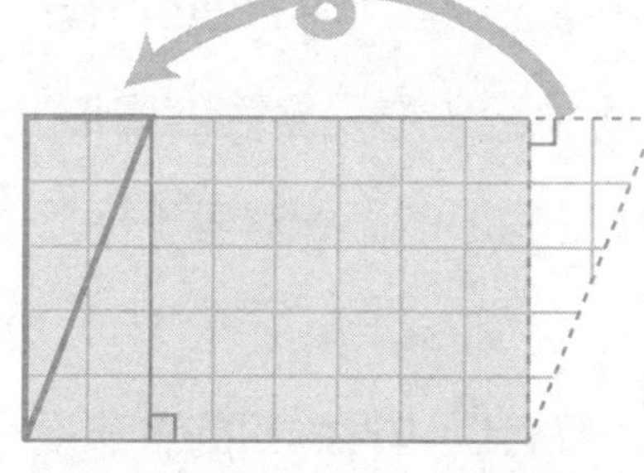

②移动直角三角形，把它平移到另一侧直角三角形的斜边处。

正方形的个数为：
每行8个 ×5行
=40个

平行四边形的面积
=底 × 高

三角形的面积

这一小节，让我们一起来看一看如何求三角形的面积吧。首先，请大家参照上一小节平行四边形面积的算法来思考一下吧。

沿一条对角线分割，就可以把这个平行四边形分成两个三角形。因为左右两个三角形是全等的图形，所以可以推导出，其中一个三角形的面积就等于平行四边形面积的一半。

从上一小节我们知道，平行四边形面积的求法是底 × 高。因此，三角形的面积就是底 × 高 ÷ 2。

三角形面积的算法

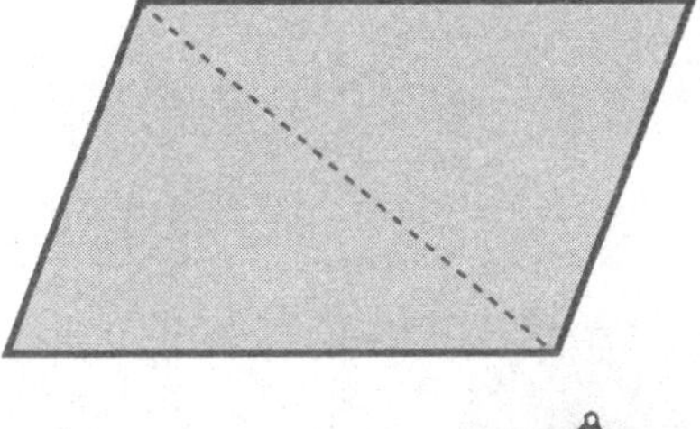

①画一条对角线，将平行四边形分成两个三角形；

分成了两个大小一样的三角形！

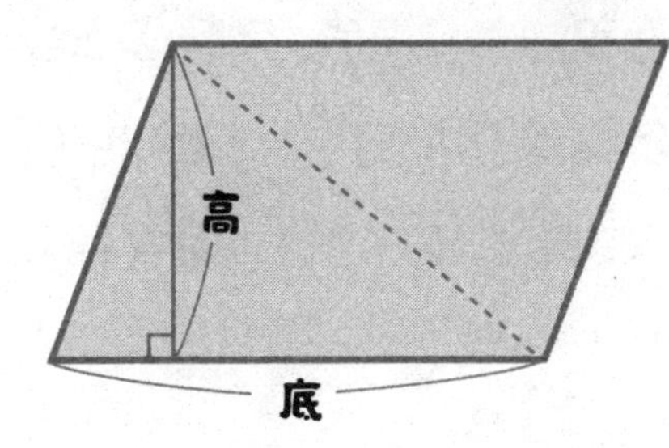

②平行四边形的面积是底 × 高；

③三角形的面积是平行四边形的一半，所以是底 × 高 ÷2。

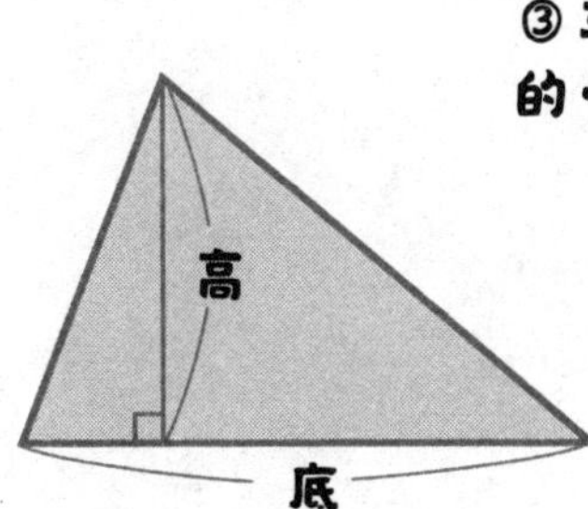

三角形的面积
=底 × 高 ÷2

接下来，请大家继续思考下一页图中的五边形面积又该如何计算呢?

其实呀，只要将这种图形分割成几个三角形，计算面积就十分简单了。首先，从任意一个角的顶点出发，向它的对边画两条对角线，这样就能将五边形分成 3 个三角形了。然后，我们分别求出每一个三角形的面积，最后将它们相加，就能求出这个五边形的面积了。

三角形是求多边形面积的基本图形。不管多么复杂的图形，只要将其分解成若干个三角形，面积就能算出来了。大家今后可以利用这种方法来计算各种多边形的面积!

来计算五边形的面积吧

首先，从一个顶点画两条对角线将五边形分割成三角形。

将五边形分成三角形 A、B、C。
这 3 个三角形面积加起来就是五边形的面积.

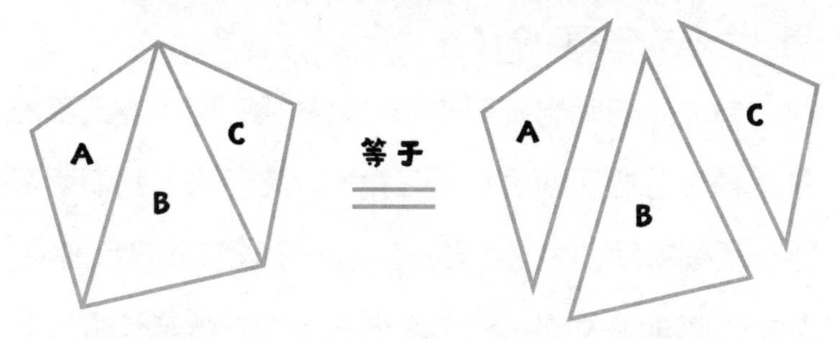

用同样的方法，去算一算其他图形的面积吧！

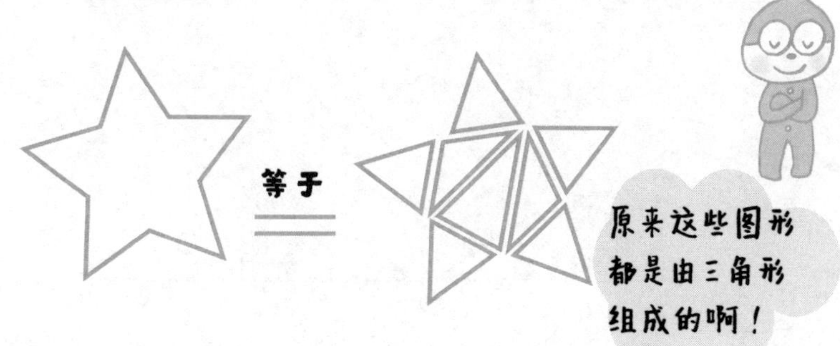

菱形与梯形的面积

菱形是一种特殊的平行四边形，面积的求法与平行四边形相同，用底 × 高来计算面积。不过菱形还有另一种求面积的方法，那就是将菱形的两条对角线相乘再除以 2。那么，我们就来看一看，为什么菱形可以用这个公式来求面积呢。

首先我们画出菱形的两条对角线，可以发现菱形被对角线分成了四个直角三角形。接下来，我们照着下一页图所示，将这个菱形放入一个长方形的方框中，如此一来就能发现，这个菱形大小刚好就是长方形的一半。

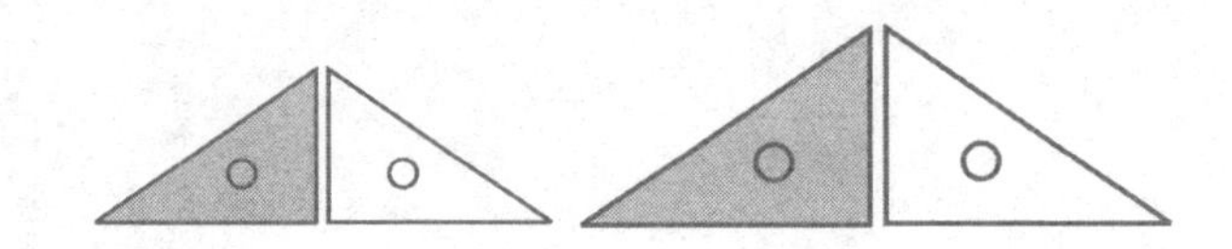

菱形面积的算法

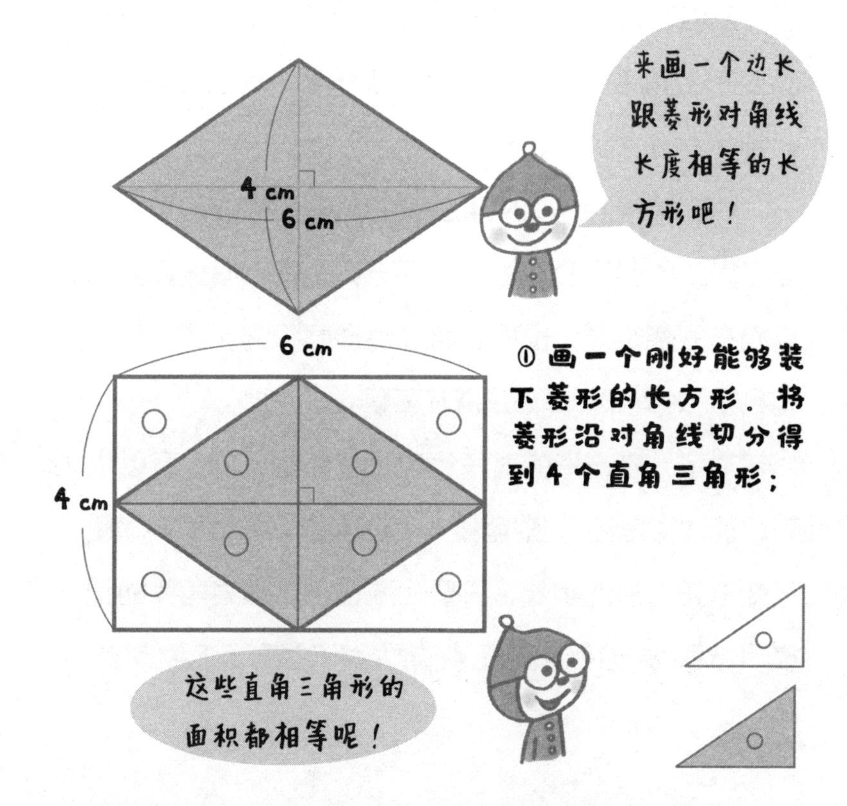

② 菱形的面积等于4个直角三角形的面积，
长方形的面积等于8个直角三角形的面积，
也就是说，长方形的面积是菱形的2倍。

菱形的面积＝对角线 × 对角线 ÷2

上图中菱形面积是：$4\text{ cm}\times 6\text{ cm}\div 2=12\text{ cm}^2$

大长方形的长和宽分别与菱形的两条对角线长度相等。所以，大长方形的面积为 $4\ \text{cm} \times 6\ \text{cm} = 24\ \text{cm}^2$。而菱形的面积为长方形面积的一半，所以应该是：$4\ \text{cm} \times 6\ \text{cm} \div 2 = 12\ \text{cm}^2$。

像这种用对角线来求面积的方法，也能用于除了菱形以外的四边形。比如说下一页图中对角线互相垂直相交的四边形，也可以通过菱形面积的算法，用对角线 × 对角线 ÷ 2 来求得其面积。

对了，正方形的对角线也是垂直相交的，所以也可以通过对角线 × 对角线 ÷ 2 的方法来求面积。即使不知道正方形的边长，只要知道该正方形对角线的长度，也可以求出它的面积，希望大家不要忘记这种方法。

用对角线算四边形的面积

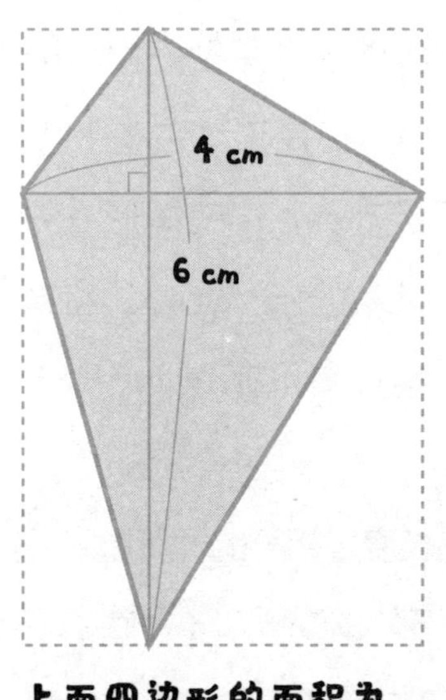

只要对角线是垂直相交的，不管是什么图形都可以用对角线 × 对角线 ÷ 2 来求面积！

上面四边形的面积为

$$4\ \text{cm} \times 6\ \text{cm} \div 2 = 12\ \text{cm}^2$$

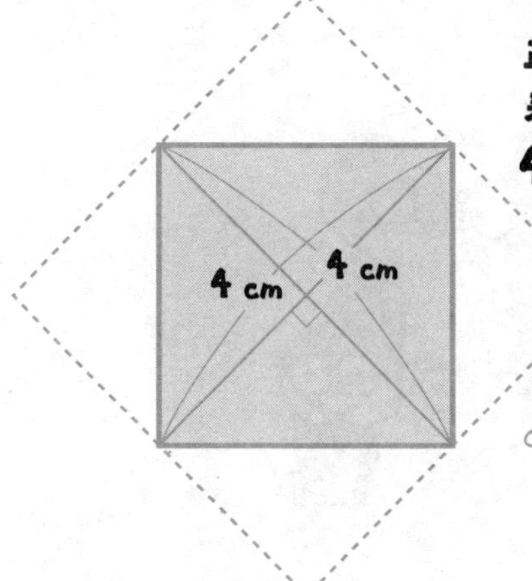

正方形也可以用对角线来求面积。

$$4\text{cm} \times 4\text{cm} \div 2 = 8\text{cm}^2$$

因为正方形的对角线也是垂直相交的。

那么，梯形的面积又该如何计算呢?

相信很多同学已经知道计算方法了，梯形同样可以通过画一条对角线，把梯形分成两个三角形的方法来计算面积。下一页图中的三角形 A 的面积为底 4 cm 乘高 3 cm 除以 2 等于 6 cm^2；三角形 B 的面积等于底 6 cm 乘高 3 cm 除以 2 等于 9 cm^2。将这两个三角形的面积相加可以得到 6 cm^2 加 9 cm^2 等于 15 cm^2。

而因为这两个三角形高的长度是相等的，所以我们可以把上面的式子稍微整理一下，就变成了（上底 + 下底）× 高 ÷ 2。看来灵活应用三角形面积的求法，还能求出梯形的面积呢。

梯形面积的算法

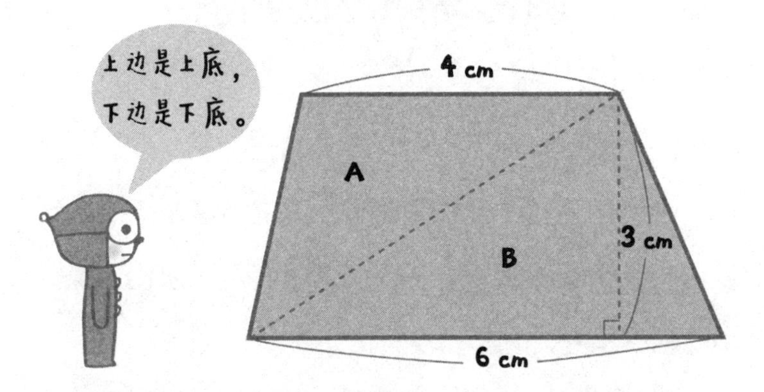

A 的面积：$4\ \text{cm} \times 3\ \text{cm} \div 2 = 6\ \text{cm}^2$

B 的面积：$6\ \text{cm} \times 3\ \text{cm} \div 2 = 9\ \text{cm}^2$

梯形的面积（A + B）

$= 4\ \text{cm} \times 3\ \text{cm} \div 2 + 6\ \text{cm} \times 3\ \text{cm} \div 2$

$= (4\ \text{cm} + 6\ \text{cm}) \times 3\ \text{cm} \div 2$

$= 15\ \text{cm}^2$

将高 ÷ 2 提取后可得……

梯形的面积 =（上底 + 下底）× 高 ÷ 2

多边形的基础是三角形！

圆形与扇形的面积

到目前为止，我们学习了三角形和四边形的面积算法，那么圆的面积应该如何来算呢？老师让同学们动动脑筋思考一下。

同学们七嘴八舌地讨论着，有的说：“把圆形也细分成三角形或者四边形不就可以求出面积了吗？”有的说：“把两个扇形拼接起来好像就能组合成一个平行四边形了呢。”还有的问：“把扇形接着细分下去会变成什么样子呢？”

于是同学们开始动手把一个圆形分成多个细长的扇形，接着把这些扇形沿着半径拼接起来……

“啊！比刚才更像平行四边形了！”一位同学惊呼道。

分割的扇形越窄，圆弧看起来就越平缓，也就无限接近于四边形的直线边。也就是说，只要求出这个由细长扇形组成的类似平行四边形的图形的面积，就可以求出圆形的面积了。

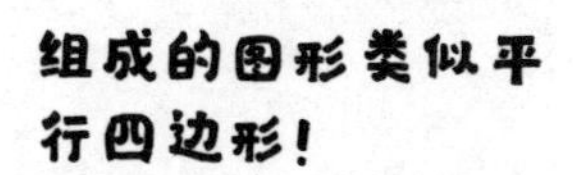

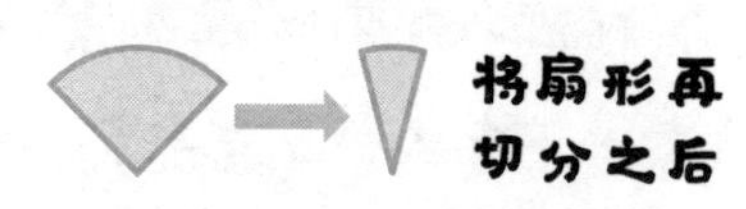

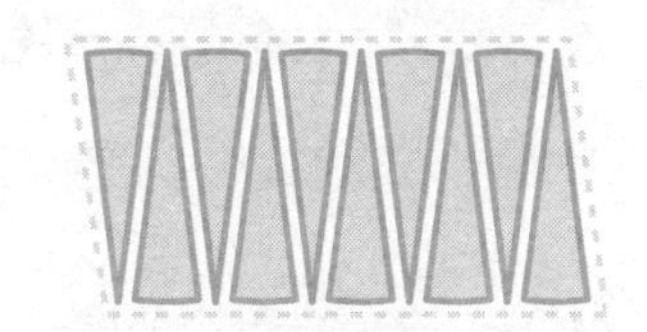

平行四边形的高相当于圆形的半径。那么，平行四边形的底是多长呢？仔细观察就可以发现，平行四边形底的长度就相当于圆周长的一半。而圆周长等于半径 × 2 × 3.14（圆周率）。因此，圆周长的一半就等于半径 × 2 × 3.14 ÷ 2 = 半径 × 3.14。既然已经知道了平行四边形底的长度，那么再乘平行四边形的高就能计算出面积了，所以最终可以得到圆的面积等于半径 × 半径 × 3.14。

那么，扇形的面积又该如何求呢？现在请大家想象一下多人分蛋糕的场景，一个蛋糕如果平分给 3 个人，是不是会比平分给 6 个人时，每个人分得的蛋糕多呢？分给 3 个人的蛋糕的扇形面积等于一个圆面积的 $\frac{1}{3}$；而分给 6 个人的蛋糕的扇形面积则等于一个圆面积的 $\frac{1}{6}$。

圆形面积的算法

①将一个圆16等分；

②将这16个扇形重新排列，组成一个类似平行四边形的图形；

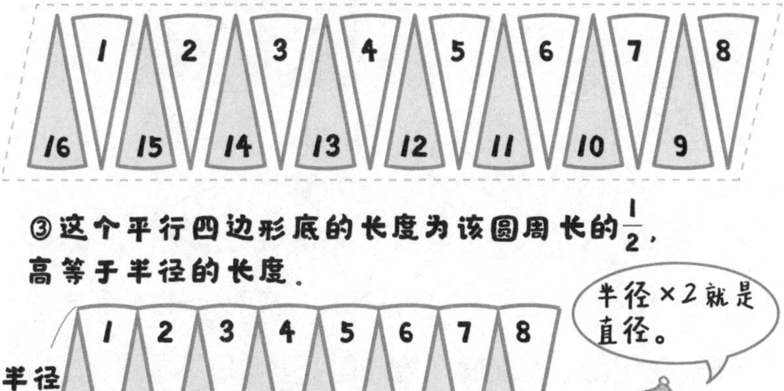

③这个平行四边形底的长度为该圆周长的$\frac{1}{2}$，高等于半径的长度。

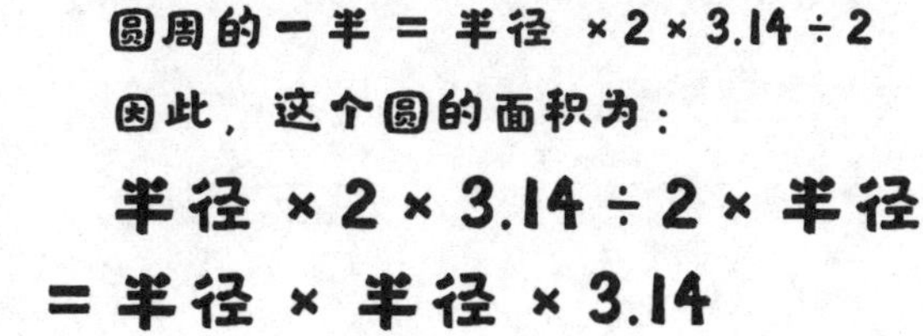

1 2 3 4 5 6 7 8

半径

16 15 14 13 12 11 10 9

半径×2就是直径。

圆周的一半＝半径 ×2×3.14÷2

因此，这个圆的面积为：

半径 ×2×3.14÷2×半径

＝半径 × 半径 ×3.14

分蛋糕

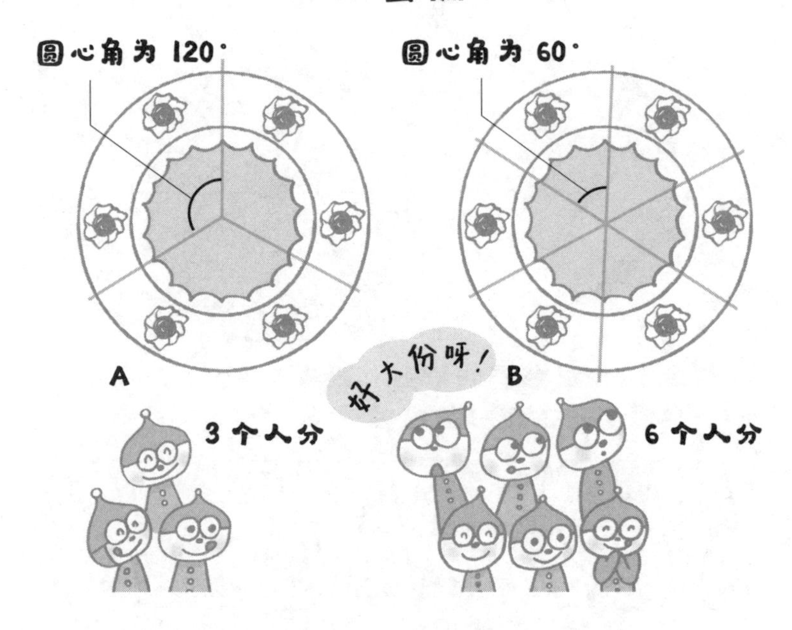

那么，3 个人平分蛋糕和 6 个人平分蛋糕时的扇形到底有什么不同呢？仔细观察可以发现，蛋糕 A 和 B 切分后，顶点在圆心的角（圆心角）度数是不同的。圆的圆心角是 360 度，所以当 3 个人平分蛋糕时，蛋糕 A 分出的扇形圆心角是 360 度 ÷ 3 = 120 度；而 6 个人平分蛋糕时，蛋糕 B 分出的扇形圆心角是 360 度 ÷ 6 = 60 度。当半径相同的时候，扇形的圆心角越小，面积就越小。

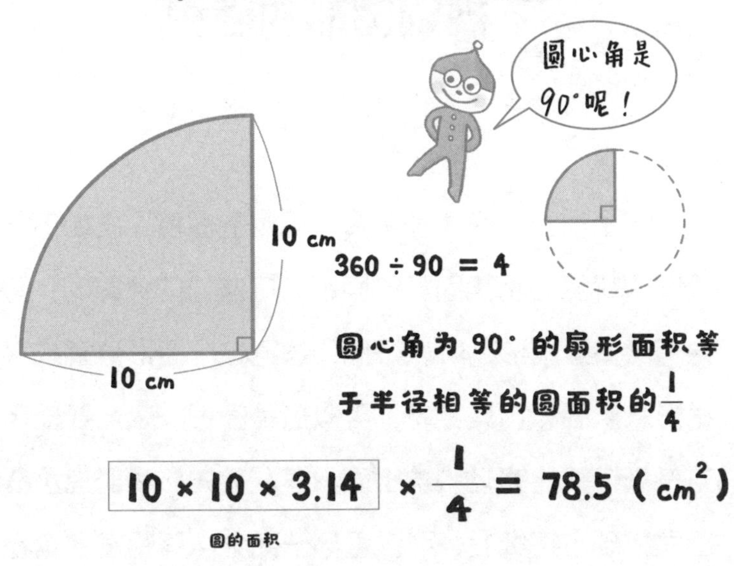

那么，上图中的扇形面积等于半径相等的圆的面积的几分之一呢？用量角器量一下这个扇形圆心角的度数，是 90 度。而 360 度 ÷ 90 度 = 4，所以可以知道这个扇形的面积是半径相等的圆面积的 $\frac{1}{4}$。

不规则图形的面积

这个世界上有许许多多不规则的图形，比如下一页图中所示的小熊图案的面积，应该如何计算呢？因为有点接近圆形，所以好像无法把这个图形分解成三角形来求面积。其实呀，类似这种图形，只需要使用方格纸，就能够轻松求出面积了。首先，我们把小熊图案描到方格纸上，可以看到一部分小熊图案完全在边长为 1 cm 的正方形里，另一部分小熊图案则只有部分在小正方形里面。

通过观察可以发现，完全在小正方形里面的小熊图案（A 类）一共有 9 个，而只有部分在小正方形里的小熊图案（B 类）则有 16 个。A 类小正方形中，小熊图案的面积合计为 9 cm^2；B 类小正方形中，小熊图案的面积，估算为小正方形面积的一半，就是 $16\ cm^2 \div 2 = 8\ cm^2$。最后将 A 类小正方形中小熊图案的面积与 B 类小正方形中小熊图案的面积相加，即 $9\ cm^2 + 8\ cm^2 = 17\ cm^2$，就是小熊图案的面积。

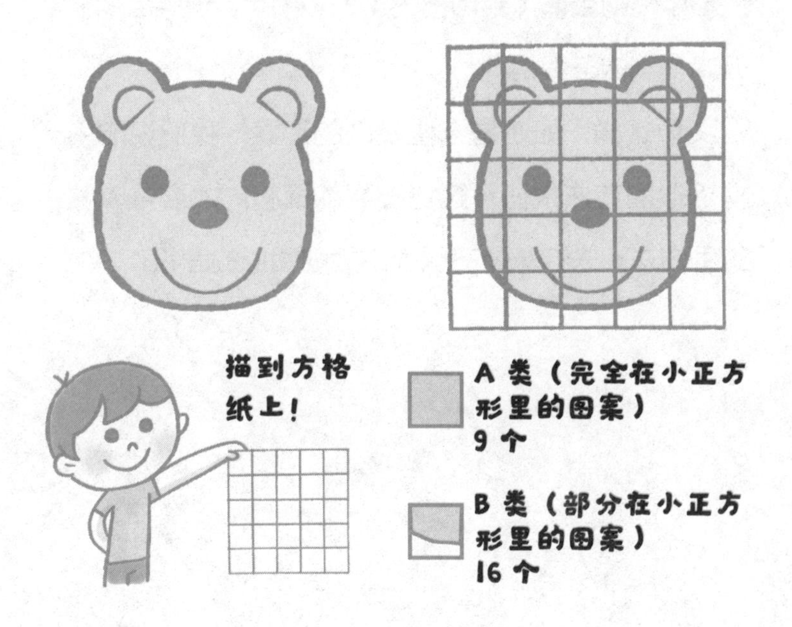

“可是，B 类小正方形里的小熊图案形状不一样呀，为什么直接就认定 B 类小正方形中小熊图案的面积等于 B 类小正方形面积的一半呢？”小浩同学带着疑问举手提问道。那么，我们换个思路来思考一下吧。我们假设 B 类小正方形中小熊图案的面积大于 0 cm^2 而小于 1 cm^2，那么，B 类的小正方形合计面积则应该介于 0 cm^2~16 cm^2 之间。所以说，小熊图案的面积则应该介于 9 cm^2~25 cm^2 之间。而 9 cm^2~25 cm^2 的最中间的数值（平均值）就是 17 cm^2，也就与我们最开始得到的答案相同。

像这样，即使是一些复杂的图案，我们也能用一些近似的方法来估算这些图案的面积。大家可以利用这种方法，去计算自己周围不规则图形的面积！

不规则图形面积的推算法

方法一 2个B类小正方形中小熊图案的面积等于1个A类小正方形中小熊图案的面积

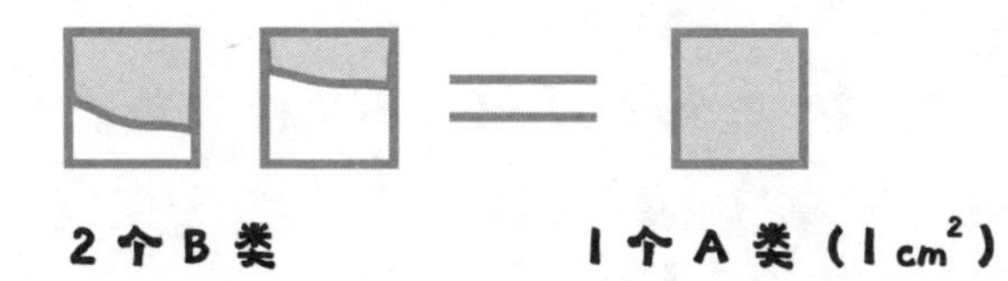

小熊图案的面积为：

A类9个+B类16个，

B类16个=A类8个，

最终面积为：A类9个+A类8个=17个

（即17 cm²）

方法二 确定B类小正方形中小熊图案面积在 $0\ cm^2$ 到 $1\ cm^2$ 之间

- B类为 $0\ cm^2$ 时，小熊图案的面积为：

9（A类）$+ 0$（B类）$= 9\ cm^2$

- B类为 $1\ cm^2$ 时，小熊图案的面积为：

9（A类）$+ 16$（B类）$= 25\ cm^2$

所以小熊图案的面积介于 $9\ cm^2 \sim 25\ cm^2$ 之间。

平均下来则为 $(9 + 25) \div 2 = 17\ (cm^2)$

方法一和方法二得到的数值是一样的！

大家试着求出下列图形的面积吧！

手掌

贴纸

Mr.Know All 浩瀚宇宙

小书虫读科学

天上真的有星座吗

《指尖上的探索》编委会 组织编写

作家出版社

策划出品 悦读名品　**图片服务** 悦读名品 123RF

浩瀚的夜空，谜一样的星座。星座是指一群在天球上投影的位置相近的恒星的组合。星座在很久以前就被当作识别方向的重要标志。本书针对青少年读者设计，图文并茂地介绍了了解星空、现代八十八星座、变化莫测的浩瀚星空、探秘黄道十三星座四部分内容。天上真的有星座吗？阅读本书，读者或将自己探索到答案。

图书在版编目（CIP）数据

天上真的有星座吗 /《指尖上的探索》编委会编. -- 北京：作家出版社，2015.11（2022.5重印）
（小书虫读科学）
ISBN 978-7-5063-8469-8

Ⅰ.①天… Ⅱ.①指… Ⅲ.①星座—青少年读物 Ⅳ.①P151-49

中国版本图书馆CIP数据核字（2015）第278390号

天上真的有星座吗

作　　者 《指尖上的探索》编委会
责任编辑 杨兵兵
装帧设计 高高 BOOKS
出版发行 作家出版社有限公司
社　　址 北京农展馆南里10号　**邮　　编** 100125
电话传真 86-10-65067186（发行中心及邮购部）
86-10-65004079（总编室）
E-mail:zuojia@zuojia.net.cn
http://www.zuojiachubanshe.com
印　　刷 北京盛通印刷股份有限公司
成品尺寸 163×210
字　　数 170千
印　　张 10.5
版　　次 2016年1月第1版
印　　次 2022年5月第2次印刷
ISBN 978-7-5063-8469-8
定　　价 33.00元

Mr.Know All

《指尖上的探索》编委会

Mr.Know All
小书虫读科学

第一辑　浩瀚宇宙

01 天上真的有星座吗
02 为什么晚上看不到太阳
03 怎样冲出太阳系
04 地球真的在转吗
05 宇宙到底在哪里
06 月亮会不会掉下来

第二辑　探索发现

07 没有森林会怎样
08 为什么南极比北极冷
09 海里会有龙宫吗
10 火山喷出了什么
11 空气为什么看不见
12 没有岩石会怎样
13 灾害来了怎么办
14 溶洞里面有什么
15 全是沙漠会怎样
16 没有山脉会怎样
17 冰河世纪还会来吗

第三辑　植物大观

18 奇妙的树与木
19 奇妙的花与朵
20 奇妙的热带雨林
21 奇妙的植物园
22 奇妙的蔬菜
23 奇妙的水果

第四辑　动物王国

24 不可思议的海豚
25 不可思议的蜘蛛
26 不可思议的狗
27 不可思议的老虎
28 不可思议的猫
29 不可思议的马
30 不可思议的昆虫
31 不可思议的鲨鱼
32 不可思议的狼
33 不可思议的蚂蚁
34 不可思议的恐龙
35 不可思议的鲸
36 不可思议的猿猴
37 不可思议的狮子
38 不可思议的企鹅
39 不可思议的史前哺乳动物
40 不可思议的蜜蜂
41 不可思议的濒灭动物

第五辑　魅力科学

42 水的秘密
43 电的秘密
44 物理的秘密
45 声音的秘密
46 仿生的秘密
47 化学的秘密
48 力的秘密
49 光的秘密
50 数学的秘密
51 医学的秘密

第六辑　科技之光

52 机器人的世界
53 为什么天气只能预报
54 桥梁和隧道
55 能源革命
56 从独木舟到万吨货轮
57 发明改变生活
58 塔里的秘密
59 电磁的秘密
60 电子科技的秘密
61 你不知道的火车
62 建筑的守望

第七辑　人文之旅

63 金字塔的故事
64 博大的中华文明
65 城堡的故事
66 木乃伊的故事
67 消失的城市
68 尘封的埃及文明
69 货币的旅行
70 乐器的故事
71 悲情的罗马文明
72 远去的希腊文明
73 邮票去哪里了

第八辑　七彩生活

74 什么样的蘑菇可以吃
75 骑士精神
76 时间是什么时候的事
77 车轮上的生活
78 色彩是什么颜色的
79 海盗传奇
80 生活中的摄影
81 生活中的音乐
82 我们的世界可不可以不要形状
83 人们爱吃什么
84 消防队员只会救火吗
85 体育可不是为了出汗
86 开心农场
87 探险家都去过哪儿
88 假如没有数字生活会怎样

第九辑　生命奥秘

89 远古有没有人
90 细菌为什么看不见
91 动物为什么大搬家
92 大脑为什么可以思考
93 世界各地的孩子们
94 我们的身体为什么长成这样
95 软体动物为什么软
96 生命为什么可以延续
97 动物为什么下蛋
98 人为什么有感觉

001.星座是由什么组成的？

A.恒星
B.行星
C.彗星

002.关于星座的看法下列哪项是错误的？

A.天空中有许许多多的恒星
B.天球是真实存在的
C.每一颗恒星相对于地球的距离都是不一样的

003.天球是以什么作为球心的？

A.太阳
B.月亮
C.地球

004.星座图上连接星星之间的线条在天空中是真实存在的吗？

A.是
B.不是
C.有时候是，有时候不是

005.唯一没有断灭的文明古国是哪个国家？

A.古巴比伦
B.古印度
C.中国

006.中国古人为了认识星辰和观测天象，把天上恒星的组合称为什么？

A.行星
B.星座
C.星官

007.关于二十八星宿被划分为四个区域的说法正确的是哪一项？

A.北方是神秘的青龙
B.西方是白虎之象
C.南方是威武的麒麟

008.星官是由什么组合成的？

A.恒星
B.彗星
C.行星

009.三垣中的上垣指的是哪一垣呢？

A.太微垣
B.天市垣
C.紫微垣

010.下列哪个现代星座属于紫微垣？

A.蛇夫座
B.小熊座
C.室女座

011.下列哪个星座不在紫微垣中？

A.小熊座

B.武仙座

C.大熊座

012.根据书中内容，下列说法错误的是哪一项？

A.太微垣中有的星星以古代官员办公场所的名字命名

B.紫微垣中的星星多以古代官员的职位名称命名

C.天市垣中的星星以商贩的名字命名

013.根据书中的说法，现代星座起源于哪里？

A.古印度

B.古希腊

C.古巴比伦

014.天空中星星的排列会随着季节的变化而变化吗？

A.会

B.不会

C.有的季节会，有的季节不会

015.托勒密根据哪个地域的神话给星座命名？

A.古罗马神话

B.古希腊神话

C.古埃及神话

016.关于托勒密的星座研究不正确的说法是哪一项？

A.他编制了 36 个星座

B.他把星座想象成有趣的动物或美丽的人物形象

C.他结合了大量神话故事为星座命名

017.托勒密生于什么时候？

A.公元 2 世纪

B.公元 1 世纪

C.公元 3 世纪

018.托勒密最重要的天文学著作的名称是什么？

A.《天文学大成》

B.《天文学》

C.《实用天文表》

019.托勒密是属于哪个文明的学者？

A.古巴比伦

B.古希腊

C.古埃及

020.占星术的实质是什么？

A.一门科学

B.一门技术

C.迷信

021.天文学家用什么来区分恒星的明亮程度？

A.大小

B.视星等

C.与地球的距离

022.整个天空中我们只用眼睛能看到的恒星大约有多少颗？

A.3000 多颗

B.10000 多颗

C.6000 多颗

023.太阳的视星等是多少？

A.–26.75

B.–12.6

C.1

024.织女星的视星等是多少？

A.0.04

B.4

C.–4

025.国际上认可的给恒星定名的机构是哪个？

A.各国天文学联合会

B.天文台

C.国际天文学联合会

026.拜耳命名法是哪国天文学家创立的？

A.法国

B.德国

C.英国

027.“七月流火，九月授衣”是什么意思？

A.七月天很热，好像火焰在流动

B.农历七月黄昏看见大火星，天气就要转凉了

C.七月火星在天空上移动

028.“参宿四”这个星名是根据什么命名的？

A.四象二十八宿

B.三垣

C.神话传说

029.下列选项中不是梅西耶天体的是哪个?

A.星云

B.彗星

C.星团

030.根据书中说法，下列叙述错误的是哪一项?

A.星团可以分为两个类型

B.球状星团是由成千上万颗老年恒星组成的

C.疏散星团是由许多老年恒星组成的

031.梅西耶是哪国的天文学家?

A.英国

B.法国

C.德国

032.梅西耶天体的共同特点是什么?

A.它们都形似彗星，但不是彗星

B.它们都是由许多恒星组成的

C.它们都很明亮，能用肉眼观察到

033.在文中，旅行家们永远摔不坏的“指南针”是什么?

A.铁制的指南针

B.石头做的指南针

C.星空

034.北极星位于哪个星座中?

A.小熊座

B.狮子座

C.大熊座

035.把北斗的勺沿延长几倍就能在天空中找到北极星?

A.10 倍

B.6 倍

C.5 倍

036.猎户座高挂正南方的天空是在哪个季节?

A.春季

B.冬季

C.夏季

037.星图上描绘的是什么?

A.星座的图案

B.星星的位置及亮度

C.星星的大小

038.在使用星图之前，你必须要仔细阅读的是什么？

A.星图的说明书

B.星图的出版社

C.星图的出版时间

039.你在观星时，如果不辨方向，可以使用什么工具来辨别方向？

A.指南针

B.大头针

C.手表

040.根据书中的观点，下列说法中错误的是哪一项？

A.基本上每个星座中主要的亮星在星图中都会被线条连接起来

B.你可以在星座图上找到中国地图

C.由于现在城市的光污染，再加上大气污染，星空变得越来越模糊

041.现存最古老的星图——敦煌星图，绘制于什么年代？

A.公元前 940 年前后

B.公元 490 年前后

C.公元 940 年前后

042.现代星图中用什么方式表示星星的亮度？

A.用星点大小表示

B.用不同形状表示

C.用特殊记号表示

043.下列哪一项是活动星图所独有的特点？

A.标示了星星的位置

B.画有星座连线

C.可以做到显露出的星图与当时可以看见的星空相同

044.星图中的方位是怎样的？

A.上北下南，左西右东

B.上北下南，左东右西

C.上南下北，左东右西

045.现在通行的现代星座中有几个星座是由托勒密星座演化而来的？

A.48 个

B.59 个

C.50 个

046.约翰·拜耳是哪国的天文学家？

A.中国

B.德国

C.美国

047.1763年，尼古拉斯·拉卡伊命名了多少个星座？

A.14个

B.24个

C.7个

048.下列说法正确的是哪一项？

A.1690年，有14个星座被波兰天文学家约翰·赫维留命名

B.国际天文学会决定将全天划分为48个星座

C.1930年，国际天文学会正式定义了全天88个星座的边界

049.天球上和地球上的北极相对应的位置被称作什么？

A.北冰极

B.北北极

C.北天极

050.下列关于天球的说法错误的是哪一项？

A.天球上有天赤道

B.天球上的南天极就是地球上的北极

C.天球的整体构造上就是一个放大版的地球

051.科学家们把88个现代星座划分为了几个区域？

A.4个

B.5个

C.12个

052.我们所说的南天和北天是以什么为界的两个天空？

A.天赤道

B.黄道

C.地赤道

053.太阳的周年视运动的方向是什么？

A.自北向西

B.自西向东

C.自南向北

054.太阳的周年视运动的周期有多久？

A.半年
B.一天
C.一年

055.黄道经过88个星座中的多少个？

A.13个
B.12个
C.28个

056.下列关于黄道星座的说法错误的是哪一项？

A.黄道星座中，蛇夫座原来不是，是新加上去的
B.规范人们对黄道星座的认识这项任务依旧任重而道远
C.根据天空中黄道星座的位置变化可以粗略地估算季节

057.下列哪个星座不属于黄道星座？

A.小熊座
B.白羊座
C.蛇夫座

058.十二星座中面积最大的是哪个星座？

A.狮子座
B.巨蟹座
C.室女座

059.太阳在穿越人马座之前会先经过哪个星座？

A.天蝎座
B.蛇夫座
C.室女座

060.给蛇夫座正名是在哪一年？

A.1922年
B.1988年
C.2013年

061.占星学属于下面哪一类？

A.一种迷信
B.一门科学
C.科学与迷信的结合

062.黄道这个大圆有多少度？

A.90度
B.180度
C.360度

063.面积最大的室女座，在黄道上占多少度？

A.22 度
B.18 度
C.44 度

064.黄道十二宫的实质是什么？

A.科学家研究星座的工具
B.占星家占卜的工具
C.星座分布图

065.属于北天拱极星座的星座有几个？

A.5 个
B.8 个
C.10 个

066.1922 年划分后属于北天星座的星座有多少个？

A.19 个
B.38 个
C.28 个

067.几千年来被天文学家们重点研究的星座是哪个区域的星座？

A.南天星座
B.赤道带星座
C.广义的北天星座

068.生活在北半球的我们能看到南天星座吗？

A.都能看见
B.能看见一部分
C.全看不见

069.下列不属于北天星座的是哪一项？

A.小狮座
B.狮子座
C.狐狸座

070.在希腊神话中，埃塞俄比亚王后卡西奥佩娅的女儿化身的星座是哪个？

A.仙女座
B.仙后座
C.仙王座

071.仙女座中的大星系 M31 距离我们多远？

A.100 万光年
B.200 万光年
C.300 万光年

072.构成夏季大三角的三颗主星属于下列哪三个星座？

A.仙女座、仙后座和仙王座

B.蝎虎座、鹿豹座和猎犬座

C.天鹰座、天琴座和天鹅座

073.南天星座有多少个？

A.24 个

B.34 个

C.42 个

074.下列哪个星座属于南天星座？

A.苍蝇座

B.天蝎座

C.白羊座

075.托勒密星座中被划分成三个星座的是哪个星座？

A.南船座

B.飞马座

C.狮子座

076.南船座被划分成了哪三个星座？

A.大船座、小船座、高船座

B.船底座、船尾座、船帆座

C.北船座、东船座、西船座

077.纬度为0度的纬度圈称为什么？

A.赤道

B.零道

C.赤豆

078.赤道带位于南北纬多少度之间？

A.5 度

B.10 度

C.20 度

079.赤道带星座总共有多少个？

A.10 个

B.11 个

C.12 个

080.根据书中的观点，下列说法中错误的是哪一项？

A.赤道是周长最大的纬度圈

B.天球上的赤道带就是指范围大致在南天球纬度 5 度和北天球纬度 5 度之间的天域

C.希腊神话故事中的 48 个星座都属于北天星座和赤道带星座

081.下列星座中不属于赤道带星座的是哪一项？

A.猎户座
B.六分仪座
C.苍蝇座

082.兼跨天球赤道、银道和黄道的星座是哪个星座？

A.长蛇座
B.蛇夫座
C.鲸鱼座

083.牛郎星属于哪个星座？

A.麒麟座
B.天鹰座
C.小马座

084.牛郎星和织女星相距多远？

A.16 光年
B.16 米
C.16 千米

085.北天拱极星座指的是什么附近的星座？

A.北天门
B.北极
C.北天极

086.北天拱极星座有多少个星座？

A.5 个
B.10 个
C.15 个

087.下列哪个星座属于王族星座？

A.仙后座
B.狐狸座
C.苍蝇座

088.中国古代的北斗七星属于哪个星座？

A.小熊座
B.大熊座
C.天龙座

089.在中国古代神话传说中，北斗七星被称为什么神仙？

A.南斗神君
B.北斗星君
C.大熊神仙

090.在古希腊神话中，大熊座是谁的化身？

A.阿尔卡斯
B.赫拉
C.卡利斯托

091.哪个国家的人把大熊座称为大车座？

A.古巴比伦

B.古希腊

C.古英格兰

092.根据书中的观点，下列说法中错误的是哪一项？

A.小熊座是卡利斯托的儿子阿尔卡斯的化身

B.印度人称大熊座为大车座

C.有美国人称大熊座为大铲斗

093.德国天文学家约翰·波得 1801 年绘制的大型星图中总共有多少个星座？

A.88 个

B.100 多个

C.150 个

094.以一个被取消的星座名称命名的流星雨叫作什么？

A.象限仪座流星雨

B.狮子座流星雨

C.英仙座流星雨

095.下列哪个星座不是被取消的星座？

A.狮子座

B.公鸡座

C.乌龟座

096.根据书中的说法，下列说法正确的是哪一项？

A.德国天文学家约翰·波得绘制了 88 星座图

B.一些消失的星座在今天还留有遗迹

C.百合花座是现代星座之一

097.哪个季节是观看大熊座全貌的最好时节？

A.春季

B.夏季

C.秋季

098.大熊座的正下方是哪个星座？

A.小熊座

B.狮子座

C.牧夫座

099.狮子座的东方是哪个星座？

A.宝瓶座

B.室女座

C.牧夫座

100.根据书中的观点，下列说法错误的是哪一项？

A.狮子座的最佳观测季节在 4 月

B.春季星空像极了古代的斗兽场

C.古希腊神话中的神仙真的存在过

101.大角星原本是属于四象中的哪一个？

A.朱雀

B.苍龙

C.白虎

102.大角星后来被归入了哪个星官？

A.房宿

B.心宿

C.亢宿

103.大角星的亮度在全天的恒星中排名第几？

A.第三

B.第四

C.第五

104.大角星在哪个星座？

A.牧夫座

B.室女座

C.狮子座

105.人们把织女星、天津四和牛郎星在星空中形成一个明亮的三角形称为什么？

A.百慕大三角

B.闪亮三角形

C.夏季大三角

106.下列哪个星座是由暗星组成的？

A.摩羯座

B.天蝎座

C.狮子座

107.在哪个季节的夜晚地球朝向银河系的中心方向？

A.春季

B.夏季

C.秋季

108.下列哪个星座最佳观赏时间是7月？

A.仙后座

B.鲸鱼座

C.蛇夫座

109.与麦当劳的标志形状相似的星座是哪个？

A.仙王座
B.仙后座
C.仙女座

110.秋季夜空中还能看到夏季大三角吗？

A.能
B.不能
C.晚上 12 点以后可以

111.下列哪个星座不属于王族星座？

A.长蛇座
B.仙后座
C.仙女座

112.根据书中的观点，下列说法中错误的是哪一项？

A.秋季是四季星空中最寂寥的季节
B.显然秋季星空最美的就是璀璨的王族星座
C.因为秋季星空太过暗淡，所以秋季的夜空不重要

113.仙后座是属于哪个分区的星座？

A.北天星座
B.黄道十三星座
C.北天拱极星座

114.在哪个时间段，仙后座的位置最接近天顶？

A.春夏交替之际
B.秋冬交替之际
C.夏秋交替之际

115.仙后座所占空域的面积，在全天 88 个星座中排名第几？

A.第 24
B.第 25
C.第 26

116.根据书中的观点，下列说法中错误的是哪一项？

A.仙后座所占的空域中有很多美丽的星云与星团
B.猫头鹰星团看上去很像一只蹲在树杈上的猫头鹰
C.气泡星云中真的有一个很大的气泡

117.一年四季中亮星最多的季节是哪个季节？

A.春季
B.夏季
C.冬季

118.下列哪颗星不属于冬季六边形的组成部分？

A.天琴座的织女星
B.御夫座的五车二
C.大犬座的天狼星

119.英仙座的最佳观测时间是几月？

A.1月
B.11月
C.12月

120.下列说法中错误的是哪一项？

A.冬季六边形又叫冬季橄榄
B.英仙座不属于王族星座
C.每个季节我们看到的星空都是不一样的

121.冬季星空中最美丽的星座是哪个星座？

A.猎户座
B.金牛座
C.天兔座

122.猎户座被古巴比伦人看作创造什么的神？

A.黄金
B.宝石
C.白银

123.猎户座的参宿四是什么颜色？

A.黄色
B.蓝白色
C.火红色

124.根据书中的观点，下列说法错误的是哪一项？

A.猎户座的北部沉浸在银河之中
B.从古到今在世界各个国家，猎户座都是力量、强壮的象征
C.猎户座的参宿七显示出墨绿色，像祖母绿

125.“天狼星”这个名字是哪个地方的人对大犬座 α 的称呼？

A.中国
B.古希腊
C.古埃及

126.古埃及人为什么称天狼星为“水上之星”？

A.因为天狼星上有水

B.因为“天狼偕日升”是洪水泛滥的标志

C.因为天狼星在水系星座中

127.在古希腊，“天狼偕日升”意味着什么天气的来临？

A.寒冷的天气

B.温暖的天气

C.炎热的天气

128.天狼星是哪个星座的主星？

A.小犬座

B.大犬座

C.猎户座

129.你能在一夜之间看到所有的星座吗？

A.能

B.不能

C.有时能，有时不能

130.为什么我们白天看不到星星？

A.星星出门做客去了

B.白天的天空中本来就没有星星

C.因为太阳的光芒把星星的光芒都遮住了

131.我们每天晚上能看见多少星座？

A.50%

B.88%

C.全部能看到

132.在中国的北方地区能看见南十字星座吗？

A.能

B.不能

C.冬季可以，夏季不行

133.恒星真的不会运动吗？

A.不会

B.会

C.有时候会运动，有时候不会

134.地球绕着太阳转的转动叫作什么？

A.自转

B.转圈

C.公转

135.下列说法错误的是哪一项？

A.我们每天晚上看到的星空都是不一样的

B.地球的公转周期是一年

C.如果忽略岁差的影响，星座的运动周期是四年

136.为什么每天看到的星空都是不一样的？

A.因为地球每一天都在公转

B.因为天上的星星需要休息，今天亮的星星明天就不亮了

C.因为星星都到其他地方开会去了

137.星座的形状会发生变化吗？

A.会

B.不会

C.有的会，有的不会

138.尼安德特人所留下的大熊座的描绘距今大约多少年？

A.5000 年

B.1 万年

C.10 万年

139.10 万年前的大熊座和现在的大熊座的形状有什么样的变化？

A.10 万年前的大熊座的 7 颗亮星都是连在一条直线上的，不是像现在这样是一个勺子

B. 根本没什么变化，和今天的形状一样

C.10 万年前，大熊座中构成北斗七星勺沿的天枢、天璇两星的距离要比现在远得多

140.根据书中的观点，下列说法错误的是哪一项？

A.恒星在不断地运动

B.由于距离太过遥远，人们很难观测到恒星的运动

C.经过 10 万年时间的考验，人们仍然不能发现因为恒星缓慢移动而带来的位置的变化

141.现在的黄道星座位置与两千年前的位置一样吗？

A.一样

B.不一样

C.有的一样，有的不一样

142.下列哪个日期属于金牛座？

A.5 月 16 日

B.6 月 30 日

C.12 月 23 日

143.蛇夫座所属的日期是在哪个范围？

A.每年的 5 月 14 日到 6 月 22 日

B.每年的 11 月 30 日到 12 月 17 日

C.每年的 11 月 14 日到 12 月 7 日

144.根据书中的说法，下列观点错误的是哪一项？

A.几千年前人们就对这些星座所在的日期进行了详细的划分

B.11 月 16 日是蛇夫座的日期范围

C.每年的 3 月 13 日到每年的 4 月 18 日是双鱼座的日期范围

145.黄道和赤道相交会出现几个交点？

A.1 个

B.2 个

C.3 个

146.春分点和秋分点之间相距多少度？

A.180 度

B.270 度

C.90 度

147.太阳每年经过春分点的时间是在几月几日前后？

A.3 月 21 日

B.6 月 22 日

C.9 月 23 日

148.600 年以后的春分点将到达哪个星座的位置？

A.白羊座

B.双鱼座

C.宝瓶座

149.“一个天体的自转轴指向因为重力作用而导致在空间中缓慢且连续的变化”，这在天文学上被称为什么？

A.年差

B.岁差

C.进动

150.地球中心的那条自转轴在空间上会始终保持一个固定的方向吗？

A.会

B.不会

C.有时候会，有时候不会

151.一个回归年是多长时间？

A.365日5小时48分46秒

B.356.546天

C.365天整

152.根据书中的说法，下列观点错误的是哪一项？

A.岁差是一个非常复杂的天文现象

B.整片天空都是在不断运动变化的

C.不管我们再怎么努力都不能认清宇宙的变化规律

153.白羊座的三颗主星组成的图形像什么？

A.老式手枪

B.步枪

C.冲锋枪

154.黄道星座的起点是哪个星座？

A.双鱼座

B.金牛座

C.白羊座

155.白羊座的面积为多少平方度？

A.144平方度

B.44平方度

C.441.39平方度

156.白羊座的最佳观测月份是几月？

A.1月

B.2月

C.12月

157.白羊座什么时候位于我们的头顶上方？

A.每年的12月中旬晚上八九点的时候

B.每年1月中旬晚上10点的时候

C.每年7月中旬晚上八九点的时候

158.冬季和秋季的星空中，都会出现一个由飞马座和仙女座的几颗星组成的大方框？

A.3颗

B.4颗

C.5颗

159.白羊座的南方是哪个星座？

A.金牛座

B.鲸鱼座

C.双鱼座

160.根据书中的说法，下列观点错误的是哪一项？

A.由飞马座和仙女座的 4 颗星组成的一个大方框是帮你找到白羊座的有力工具

B.白羊座的东边是同为黄道星座的金牛座

C.除了三颗主星之外，白羊座的其他恒星都很明亮

161.白羊座亮度大于 5.5 等的恒星有多少颗？

A.28 颗

B.48 颗

C.88 颗

162.白羊座 α 在中国星官中又称为什么？

A.娄宿一

B.白羊 A

C.娄宿三

163.白羊座 δ 的视星等为多少？

A.2.66

B.-4.35

C.4.35

164.根据书中的说法，下列观点错误的是哪一项？

A.白羊座中最明亮的星星是白羊座的三颗主星

B.白羊座 γ 是指一颗星星

C.白羊座 γ 是人类确认的最早的双星之一

165.古希腊神话中，阿塔玛斯是哪一个王国的国王？

A.底比斯

B.埃塞俄比亚

C.玻俄提亚

166.古希腊神话中，狠心虐待王子弗里克索斯和公主赫勒的继母叫什么名字？

A.伊万

B.伊诺

C.伊娃

167.为什么伊诺偷换给农民耕种的种子无法发芽？

A.因为农民太懒，没有浇水

B.因为这些种子都被伊诺烤熟了

C.因为遭到了天谴，神不让这些种子发芽

168.根据书中的说法，下列观点错误的是哪一项？

A.国王阿塔玛斯只有两个孩子

B.公羊长着双翼且浑身长满金毛

C.公主赫勒在逃跑途中不慎坠入海里

169.金牛座的哪颗星是冬季六边形的组成部分？

A.毕宿一

B.毕宿五

C.五车五

170.金牛座的最佳观测月份是几月？

A.1 月

B.2 月

C.12 月

171.金牛座在猎户座的什么方向？

A.东南方

B.东北方

C.西北方

172.根据书中的说法，下列观点错误的是哪一项？

A.“四大王星”在天球上各相差大约 90 度

B.金牛座是出现在夏季天空的星座

C.毕宿五和毕星团组成了二十八宿中的毕宿

173.金牛座位于天球上赤纬多少度的地方？

A.+17 度

B.+5 度

C.+4 度

174.金牛座的毕宿五和毕星团亮星排列组成了一个什么样的形状？

A.N 形

B.W 形

C.V 形

175.毕宿五大约在猎户座的参宿七的什么方向？

A.正北方

B.正西方

C.北偏西大约 30 度的方向

176.金牛座和御夫座共有的恒星是哪颗？

A.五车二

B.五车五

C.五车三

177.金牛座中亮度大于5.5等的恒星有多少颗？

A.88颗

B.89颗

C.98颗

178.“两星团加一星云”中的星云名称是什么？

A.鱼状星云

B.蟹状星云

C.虾状星云

179.毕星团正以每秒多少千米的速度远离太阳？

A.14千米

B.44千米

C.65千米

180.下列观点错误的是哪一项？

A.昴星团又称七姊妹星团

B.蟹状星云是个超新星爆发的残骸

C.毕宿五是毕星团的成员

181.在古希腊神话中，强壮的金牛座是谁的化身？

A.欧罗巴

B.赫拉

C.宙斯

182.欧罗巴公主是谁的女儿？

A.阿戈诺尔

B.赫尔墨斯

C.米诺斯

183.现在我们说的七大洲中的哪个洲是以欧罗巴的名字命名的？

A.亚洲

B.欧洲

C.北美洲

184.根据书中的说法，下列观点错误的是哪一项？

A.欧罗巴一点也不介意宙斯的欺骗行为

B.宙斯所化的牛的毛色雪白，牛角闪闪发光

C.克里特岛之王米诺斯是宙斯和欧罗巴所生的儿子

185.双子座的最佳观测时节是几月？

A.1月
B.2月
C.12月

186.处于双子座兄弟头和身躯位置的星星在天空上构成了什么形状？

A.W形
B.Z形
C.n形

187.北河二和北河三是双子座兄弟的哪个部分？

A.头部
B.腿部
C.胳膊

188.根据书中的说法，下列观点错误的是哪一项？

A.北河二是双子座 α 星
B.双子座的面积在全天88星座中排名第3
C.只要你位于北半球，无论你在哪个纬度，都可以在冬季和春季的天空中看到双子座

189.双子座位于天球赤经多少时的地方？

A.7时10分
B.17时
C.20时

190.冬季晚上大概几点是双子座最佳的观测时机？

A.5点
B.7点
C.10点

191.参宿四是几等星？

A.一等星
B.二等星
C.三等星

192.根据书中的说法，下列观点错误的是哪一项？

A.在晴朗的夜空我们可以发现，在19点以后双子座都会从天空中的东北方向升起
B.冬季晚上10点的时候，双子座就会出现在我们的头顶上方
C.双子座的北边是金牛座

193.双子座中肉眼可以看见大概多少颗星星？

A.47 颗

B.70 颗

C.88 颗

194.双子座有多少颗三等星？

A.1 颗

B.2 颗

C.4 颗

195.双子座 α 是一颗几合星？

A.三合星

B.六合星

C.九合星

196.根据书中的说法，下列观点错误的是哪一项？

A.双子座肉眼可见的 70 颗星星中亮于 5.5 等的恒星有 47 颗

B.弟弟双子座 β 要比哥哥 α 星要更亮

C.双子座 α 是全天排行第 17 的亮星

197.斯巴达的王后叫什么名字？

A.赫拉

B.欧罗巴

C.丽达

198.引起双子座两对兄弟争执的原因是什么？

A.伊达斯和林克斯霸占了所有的牛

B.伊达斯和林克斯不愿意去抓牛

C.卡斯托尔和波吕克斯不想平分抓来的牛

199.卡斯托尔是被谁用箭射死的？

A.林克斯

B.伊达斯

C.宙斯

200.根据书中的说法，下列观点错误的是哪一项？

A.第一美女海伦的母亲是斯巴达王后丽达

B.卡斯托尔和波吕克斯一生伴随着无数的英雄壮举

C.伊达斯和林克斯不是双胞胎

201.黄道十二星座中最暗的一个星座是哪个？

A.双子座

B.巨蟹座

C.蛇夫座

202.巨蟹座的最佳观测时节是几月？

A.2月
B.3月
C.4月

203.巨蟹座面积有多少平方度？

A.505.87 平方度
B.50. 587 平方度
C.5058. 7 平方度

204.整个星座较亮的4颗恒星组成的是一个什么样的结构？

A.平行四边形
B.五边形
C.“人”字形

205.在北半球的哪个季节不能在夜空中看到完整的巨蟹座？

A.冬季
B.春季
C.夏季

206.巨蟹座的北面是什么星座？

A.天猫座
B.小犬座
C.双子座

207.长蛇座在巨蟹座的哪个方向？

A.东方
B.南方
C.西方

208.根据书中的说法，下列观点错误的是哪一项？

A.巨蟹座不是南天星座
B.因为巨蟹座中有一颗非常明亮的一等星，所以我们可以根据这颗一等星的方位来判断巨蟹座的位置
C.巨蟹座的西南方是小犬座

209.巨蟹座中视星等亮度大于5.5等的恒星有多少颗？

A.23 颗
B.32 颗
C.55 颗

210.巨蟹座的哪颗星星是最亮的？

A.柳宿增三
B.鬼宿三
C.柳宿增十

211.蜂巢星团在我国古代被称为什么？

A.M44

B.积尸气

C.疏散星团

212.根据书中的说法，下列观点错误的是哪一项？

A.巨蟹座太过于黯淡，所以它一点都不重要，只是为十二星座凑数而已

B.巨蟹座 α 又被称为柳宿增三

C.蜂巢星团是一个疏散星团

213.古希腊神话中，赫拉克勒斯的父亲是谁？

A.波塞冬

B.宙斯

C.哈迪斯

214.赫拉克勒斯帮助天神征服了哪个种族？

A.矮人族

B.水族

C.巨人族

215.迈锡尼的国王让赫拉克勒斯去杀掉住在沼泽区的什么怪兽？

A.毒蟾蜍

B.九头蛇

C.鳄鱼

216.根据书中的说法，下列观点错误的是哪一项？

A.赫拉克勒斯被人们称为希腊最伟大的英雄

B.宙斯的王后赫拉三番两次地要置赫拉克勒斯于死地

C.巨蟹很轻松地抵挡住了赫拉克勒斯的攻击

217.下列哪个季节是狮子座的最佳观测季节？

A.春季

B.夏季

C.秋季

218.轩辕十四与它北边的 5 颗星组成了什么形状？

A.句号

B.反过来的问号

C:逗号

219.狮子座所占的面积在全天88个星座中排第几？

A.第 23
B.第 13
C.第 12

220.根据书中的说法，下列观点错误的是哪一项？

A.狮子在陆地上是百兽之王
B.δ、θ 和 β 在空中构成了一个很显著的三角形，这就是狮子的后身和尾巴
C.狮子座所占面积为 955 平方度

221.每年的几月是观测狮子座最好的季节？

A.1 月
B.4 月
C.7 月

222.狮子座在一天中的哪个时间才会从东面的地平线升上来？

A.晚上 8 点
B.晚上 10 点
C.半夜 12 点

223.大熊座在狮子座的哪个方向？

A.东边
B.南边
C.北边

224.根据书中的说法，下列观点错误的是哪一项？

A.巨爵座在狮子座的北方
B.星图是找到星座的最佳帮手
C.4 月初的凌晨 1 点是最容易找到狮子座的时候

225.狮子座中亮度大于 5.5 等的恒星有多少颗？

A.25 颗
B.52 颗
C.70 颗

226.狮子座中最亮的星是哪颗？

A.狮子座 β
B.狮子座 γ
C.狮子座 α

227.下列恒星中，哪个是四合星？

A.狮子座 γ
B.狮子座 α
C.狮子座 β

228.根据书中的说法，下列观点中错误的是哪一项？

A.狮子座中我们肉眼可以看到的星星大概有 70 颗

B.狮子座流星雨会在每年的 4 月份出现

C.组成狮子座 γ 星的 4 颗星中最亮的一颗的亮度是太阳的 180 倍

229.在古希腊神话中，迈锡尼的国王赐给赫拉克勒斯多少项任务？

A.10 项

B.12 项

C.20 项

230.杀死巨狮是赫拉克勒斯的第几项任务？

A.第二项

B.第十一项

C.第一项

231.赫拉克勒斯最后是怎么杀死巨狮的？

A.用神箭射死的

B.用木棍打死的

C.用蛮力勒死的

232.根据书中的说法，下列观点错误的是哪一项？

A.赫拉克勒斯把狮子的毛皮献给了国王

B.赫拉克勒斯用狮子的毛皮做成了铠甲

C.天后赫拉将狮子的形象置于天空中

233.黄道星座中面积最大的星座是哪个星座？

A.金牛座

B.狮子座

C.室女座

234.全天 88 个星座中面积最大的星座是哪个？

A.长蛇座

B.大熊座

C.天龙座

235.春季大三角中，最靠南的顶点上的亮星是哪颗？

A.室女座 α

B.牧夫座的大角星

C.狮子座 β

236.根据书中的说法，下列观点错误的是哪一项？

A.室女座的面积占全天面积的3.318%

B.室女座中最亮的几颗星组成了一个Y字形

C.室女座的形象是一位手持麦穗的少女，而室女座β星就在她手中所持麦穗的位置

237.每年的几月是观测室女座最好的时节？

A.1月

B.5月

C.9月

238.下列哪个星座长得像一个风筝？

A.乌鸦座

B.牧夫座

C.室女座

239.乌鸦座位于室女座的哪个方向？

A.东方

B.西方

C.南方

240.根据书中的说法，下列观点错误的是哪一项？

A.室女座没有位于南天星空的部分

B.室女座的东边是代表正义的天秤座

C.室女座的α星，我国古代称为“角宿一”

241.室女座中亮度大于5.5等的恒星有多少颗？

A.58颗

B.15颗

C.85颗

242.下列哪个星座在中国古代的星官称呼是“右执法”？

A.室女座α

B.室女座β

C.室女座δ

243.室女座α的亮度是太阳亮度的多少倍？

A.23倍

B.2300倍

C.230倍

244.根据书中的说法，下列观点错误的是哪一项？

A.室女座亮于四等的恒星有15颗

B.室女座α星是由一对恒星组成的双星

C.室女座α的颜色呈红色

245.除了丰收女神和她的女儿，在古希腊神话中，室女座还与哪个女神有关？

A.智慧女神

B.狩猎女神

C.公正女神

246.得墨忒尔的独生女儿叫什么名字？

A.珀耳塞福涅

B.雅典娜

C.缪斯

247.珀耳塞福涅被谁掳去了冥界？

A.宙斯

B.哈迪斯

C.波塞冬

248.根据书中的说法，下列观点错误的是哪一项？

A.得墨忒尔是宙斯的姐姐

B.珀耳塞福涅是春天的灿烂女神

C.一年之中，珀耳塞福涅将有四分之三的时间待在地狱

249.天秤座的最佳观测时间是几月？

A.3月

B.6月

C.9月

250.天秤座在天空中的形象是什么？

A.中国式杆秤

B.台秤

C.天平

251.天秤座的面积在全天88个星座中排第几？

A.第29

B.第31

C.第20

252.根据书中的说法，下列观点错误的是哪一项？

A.天秤座象征着公平、正义

B.天秤座中最亮的三颗星组成了一个三角形

C.天秤座的面积有 53 平方度

253.天秤座位于天球的赤纬多少度上？

A.–30 度

B.–15 度

C.15 度

254.在下列哪个纬度不能看到天秤座的全貌？

A.北纬 40 度

B.北纬 90 度

C.南纬 30 度

255.蛇夫座位于天秤座的哪个方向？

A.东北方向

B.西南方向

C.西北方向

256.根据书中的说法，下列观点错误的是哪一项？

A.天秤座是北天星座

B.天秤座在黄道带上位于室女座与天蝎座之间

C.从春季大三角最西边的顶角——狮子座 β 星做这个角的角平分线并延长，就能找到天秤座 β 星

257.在托勒密星座中，天秤座属于哪个星座中的一部分？

A.蛇夫座

B.御夫座

C.天蝎座

258.天秤座中六等以上的恒星有多少颗？

A.63 颗

B.36 颗

C.48 颗

259.天秤座 σ 在中国古代星官体系中被称为什么？

A.折威七

B.氐宿一

C.氐宿三

260.全天唯一一颗肉眼可以看见的绿色星星是哪颗？

A.天秤 α

B.天秤 β

C.天秤 σ

261.天秤座的神话传说与哪个星座有关？

A.室女座

B.宝瓶座

C.天蝎座

262.古希腊神话中，当众神对人类失望后，只有哪位天神仍然留在人间？

A.宙斯

B.阿波罗

C.阿斯特赖亚

263.阿斯特赖亚的什么物品后来变成了天秤座？

A.天平

B.手杖

C.长剑

264.根据书中的说法，下列观点错误的是哪一项？

A.很久很久以前，在古希腊，众神和人类和平共处于大地上

B.众神一直对人类很有信心

C.最后，阿斯特赖亚也对人类感到绝望，回到了天上

265.处于下列哪个纬度不能看到天蝎座的全貌？

A.北纬 50 度

B.北纬 40 度

C.南纬 40 度

266.天蝎座的 α 星和它西侧稍远处的一列星组成了什么形状？

A.S 形

B.三角形

C.扇形

267.天蝎座 α 星在中国古代叫作什么？

A.心宿二

B.房宿二

C.参宿二

268.根据书中的说法，下列观点错误的是哪一项？

A.天蝎座接近银河中心

B.只有你在的纬度高于北京所处的纬度，在夏季晴朗的夜空中，你才可以见到这只神秘的大蝎子

C.天蝎座的面积有 496.78 平方度

269.天蝎座是黄道十二星座中的第几个星座？

A.第四个

B.第五个

C.第八个

270.天蝎座位于人马座与哪个星座之间？

A.天秤座

B.猎户座

C.白羊座

271.豺狼座位于天蝎座的哪个方向？

A.南面

B.西面

C.北面

272.根据书中的说法，下列观点错误的是哪一项？

A.天蝎座是标准的南天星座

B.北半球有将近一半的地区无法在夜空中看到天蝎座的全貌

C.蛇夫座位于天蝎座的南面

273.每年的几月份是观测天蝎座的最佳时间？

A.4 月

B.7 月

C.10 月

274.天蝎座中四等星以下的星星有多少颗？

A.24 颗

B.50 颗

C.100 颗

275.天蝎座 α 星的光芒呈现出什么颜色？

A.蓝色

B.绿色

C.红色

276.根据书中的说法，下列观点错误的是哪一项？

A.天蝎座中有一等星 1 颗

B.天蝎座 δ 在我国古代星官体系中又被称为心宿二

C.在我国古代，人们把这颗红色心宿二称作“大火”

277.天蝎座的神话故事与哪个星座有关？

A.猎户座

B.室女座

C.狮子座

278.古希腊神话中，谁赐予了猎人在海面上行走的能力？

A.宙斯

B.波塞冬

C.阿波罗

279.刺伤了俄里翁脚踝的天蝎是谁放出来的？

A.阿尔忒弥斯

B.雅典娜

C.盖亚

280.根据书中的说法，下列观点错误的是哪一项？

A.俄里翁天生相貌丑陋

B.俄里翁在克里特岛遇见了狩猎女神

C.自大的俄里翁最终死了

281.横插进人马座和天蝎座之间的那只“脚”属于哪个星座？

A.蛇夫座

B.室女座

C.长蛇座

282.整片天空中唯一一个与其他星座连接在一起的星座是哪个星座？

A.苍蝇座

B.乌鸦座

C.蛇夫座

283.蛇夫座的面积在全天 88 星座中排在第几？

A.第 9

B.第 11

C.第 28

284.根据书中的说法，下列观点错误的是哪一项？

A.1922年，蛇夫座被划定为黄道上的十三个星座之一

B.蛇夫座的面积是94.8平方度

C.蛇夫座是黄道十三星座中的第三大星座

285.蛇夫座位于天球上的什么位置？

A.赤经17时，赤纬-40度

B.赤经17时20分，赤纬-30度

C.赤经15时，赤纬-15度

286.唯一一个兼跨天球赤道、银道和黄道的是哪个星座？

A.蛇夫座

B.巨蛇座

C.长蛇座

287.蛇夫座是哪个季节的星座？

A.冬季

B.春季

C.夏季

288.根据书中的说法，下列观点错误的是哪一项？

A.每年11月29日左右，太阳就会从蛇夫座中一穿而过

B.蛇夫座跨越的银河很长

C.银河系中心方向就在离蛇夫座不远的人马座里面

289.蛇夫座中人眼可以看到的恒星大概有多少颗？

A.500颗

B.100颗

C.200颗

290.蛇夫座有多少颗四等星？

A.15颗

B.23颗

C.51颗

291.蛇夫座 α 的视星等是多少？

A.2.08

B.2.43

C.2.54

292.根据书中的说法，下列观点错误的是哪一项？

A.蛇夫座没有一等星

B.巴纳德星位于蛇夫座 β 北方

C.蛇夫座中的星星的中国星官名，主要有天市垣、房宿、尾宿、箕宿及牛宿等星官

293.古希腊神话传说中，天空中双手抓着巨蛇的蛇夫是谁？

A.宙斯

B.医学之神阿斯克勒庇俄斯

C.哈迪斯

294.阿斯克勒庇俄斯向谁学习的医术？

A.喀戎

B.阿波罗

C.宙斯

295.是谁将阿斯克勒庇俄斯加入了星座？

A.赫拉

B.阿波罗

C.宙斯

296.根据书中的说法，下列观点正确的是哪一项？

A.阿斯克勒庇俄斯从小跟随父亲学习医术

B.阿斯克勒庇俄斯的医术超过了他的老师，达到了可以起死回生的地步

C.波塞冬一怒之下用雷劈死了阿斯克勒庇俄斯

297.人马座中的6颗星组成了一个我们熟悉的图形，是什么图形？

A.三角形

B.勺子形

C.扇形

298.人马座中的6颗亮星组成的图形在中国古代的称呼是什么？

A.南勺六星

B.北斗七星

C.南斗六星

299.人马座中的8颗亮星组成了一个什么图形？

A.茶壶形

B.六边形

C.漏斗形

300.根据书中的说法，下列观点错误的是哪一项？

A.人马座所在的天区刚好在天蝎座的尾巴西边

B.“茶壶”是人马座内部的星群

C.中国古代把人马座中的南斗六星归入箕宿

301.人马座位于天球上的什么位置？

A.赤经 19 时，赤纬 –28 度

B.赤经 25 时，赤纬 –19 度

C.赤经 19 时，赤纬 +25 度

302.下列哪个地方不能看到人马座的全貌？

A.北极点（北纬 90 度）

B.北京（北纬 40 度）

C.赤道（南北纬 0 度）

303.人马座的面积在全体 88 星座中排行第几？

A.第 1

B.第 5

C.第 15

304.根据书中的说法，下列观点错误的是哪一项？

A.人马座面积占有 867.43 平方度

B.人马座位于摩羯座的东面

C.人马座的南边是一系列小型星座

305.人马座中肉眼可见的星星大概有多少颗？

A.11 颗

B.15 颗

C.115 颗

306.人马座中视星等从二等到四等的恒星有多少颗？

A.20 颗

B.30 颗

C.50 颗

307.人马座中最亮的星星是哪颗？

A.人马座 α

B.人马座 ε

C.人马座 β

308.下列哪个星云不属于人马座？

A.三叶星云

B.马蹄星云

C.蟹状星云

309.在古希腊的山林中生活的半人半马的族群被称为什么族？

A.半人马族
B.提坦族
C.神族

310.下列人物中，不是喀戎的学生的是哪一个？

A.伊阿宋
B.普罗米修斯
C.赫拉克勒斯

311.半人马族想要抢夺赫拉克勒斯的什么东西而激怒了他？

A.面包
B.牛肉
C.美酒

312.根据书中的说法，下列观点错误的是哪一项？

A.喀戎同其他半人马一样性情暴躁
B.赫拉克勒斯的箭误伤了喀戎
C.喀戎用自己的不死之身换取了普罗米修斯的自由

313.摩羯座的形象来自古希腊的哪个神？

A.太阳神
B.海神
C.山神和牧神

314.“摩羯”一词来自哪里？

A.古印度神话
B.古希腊神话
C.中国神话

315.摩羯座的几颗主星构成了什么形状？

A.四边形
B.五边形
C.倒三角形

316.根据书中的说法，下列观点错误的是哪一项？

A.摩羯座的形象是一只上半身为羊、下半身为鱼的怪物
B.摩羯座是一个北天星座
C.摩羯座没有一颗亮星，但轮廓还是相当清楚的

317.摩羯座位于天球上赤经21时、赤纬多少度的位置？

A.–18度

B.+20度

C.+40度

318.摩羯座的最佳观测月份是几月？

A.3月

B.4月

C.9月

319.摩羯座在人马座的哪个方向？

A.东边

B.北边

C.西边

320.根据书中的说法，下列观点错误的是哪一项？

A.摩羯座是南天星座

B.夏季大三角是寻找摩羯座的有力工具

C.摩羯座的面积比白羊座的面积要大

321.摩羯座中一到四等的恒星有多少颗？

A.7颗

B.9颗

C.19颗

322.摩羯座有多少颗三等星？

A.没有

B.2颗

C.7颗

323.摩羯座中最亮的星星是哪颗？

A.垒壁阵四

B.摩羯座 α^2

C.垒壁阵三

324.根据书中的说法，下列观点正确的是哪一项？

A.摩羯座 ς 的视星等是5.82

B.摩羯座 β 在中国古代被称为牛宿二

C.摩羯座这个区域的星系发光都很微弱

325.古希腊神话中，潘恩是掌管什么事物的神？

A.耕种

B.山林中的动物

C.打鱼

326.潘恩擅长吹奏什么乐器？

A.笛子

B.口琴

C.箫

327.传说中天神相聚的宴会上，众神为何纷纷逃离？

A.怪物提丰袭击了众神

B.有人打架

C.食物令人恶心

328.根据书中的说法，下列观点错误的是哪一项？

A.潘恩长得非常美丽

B.众神在尼罗河畔举行宴会

C.潘恩想变成鱼逃走，但是变身不太成功

329.在古希腊神话中，宝瓶座的形象是什么样的？

A.一只大水壶

B.一个美少年手拿宝瓶在倒水

C.一个少女在喝水

330.宝瓶座每年会出现几次流星雨？

A.1 次

B.2 次

C.3 次

331.太阳在什么时间经过宝瓶座？

A.1 月 13 日至 2 月 17 日

B.3 月 13 日至 4 月 18 日

C.2 月 18 日至 3 月 12 日

332.根据书中的观点，下列说法错误的是哪一项？

A.宝瓶座每年会出现三次流星雨

B.人们会把宝瓶座和洪水联系在一起

C.哈雷彗星每 16 年会在天空中出现一次

333.宝瓶座在天球上的中心位置在哪？

A.赤经 23 时，赤纬 −15 度

B.赤经 23 时，赤纬 +15 度

C.赤经 43 时，赤纬 −15 度

334.下列哪个地点不能看到宝瓶座的全貌？

A.南极点（南纬 90 度）

B.赤道（南北纬 0 度）

C.北极点（北纬 90 度）

335.对于我们来说，观测宝瓶座的最佳月份是几月？

A.5 月

B.10 月

C.12 月

336.宝瓶座在黄道带上的领地就位于双鱼座和哪个星座之间？

A.摩羯座
B.双子座
C.天蝎座

337.如果不借助工具，宝瓶座中我们大概能看到多少颗恒星？

A.30 颗
B.60 颗
C.90 颗

338.宝瓶座有多少颗一等星？

A.没有
B.2 颗
C.13 颗

339.宝瓶座中的哪颗星是米拉变星？

A.宝瓶座 β
B.宝瓶座 R
C.宝瓶座 γ

340.根据书中的说法，下列观点错误的是哪一项？

A.宝瓶座有四等星 15 颗
B.宝瓶座 β 星是一颗三等星
C.宝瓶座的 R 星亮度最大的时候视星等是 5.8

341.特洛伊城的美少年被抓走时在干什么？

A.在放牧
B.在游玩
C.在读书

342.宙斯将特洛伊王子带回神界后让他替自己做什么？

A.吹笛子
B.倒酒
C.跳舞

343.宙斯为了安慰失去儿子的特洛伊国王，送给了国王什么礼物？

A.许多黄金
B.许多珍珠
C.两匹神马

344.根据书中的说法，下列观点错误的是哪一项？

A.特洛伊王子姣好的容貌，连城里美女们都自叹不如
B.宙斯变成一头狼，在王子不注意时，一口咬住王子，带回神界
C.王子接替了青春女神的工作，成了斟酒官

345.双鱼座中的恒星在夜空中组成了几个小环？

A.3 个

B.2 个

C.1 个

346.双鱼座的面积在全天88个星座中排第几？

A.第 12

B.第 20

C.第 14

347.现在，春分点在哪个星座的位置？

A.双鱼座

B.摩羯座

C.白羊座

348.根据书中的说法，下列观点错误的是哪一项？

A.双鱼座里有许多明亮的恒星

B.双鱼座的面积占全天面积的2.156%

C.严格意义上，双鱼座并不是最后一个黄道星座，而是第一个黄道星座

349.双鱼座位于天球上的什么位置？

A.赤经 29 时，赤纬 0 度

B.赤经 0 时 40分，赤纬+10 度

C.赤经 20 时，赤纬 9 度

350.观测双鱼座最好的月份是几月？

A.11 月

B.1 月

C.6 月

351.下列哪个星座不在双鱼座的四周？

A.三角座

B.猎户座

C.鲸鱼座

352.根据书中的说法，下列观点错误的是哪一项？

A.对于身在北半球的人们来说，观测双鱼座不用担心纬度问题

B.位于秋季四边形正北的这几颗星围成了一个多边形，我们可以把它看成是一条鱼（北鱼）

C.双鱼座的南方就被巨大的鲸鱼座给包围了

353.双鱼座中我们的肉眼可以看到的恒星大概有多少颗？

A.57 颗

B.65 颗

C.75 颗

354.双鱼座有几颗一等星？

A.没有

B.4 颗

C.7 颗

355.双鱼座中最亮的星星是哪颗？

A.右更二

B.双鱼座 γ

C.外屏二

356.根据书中的说法，下列观点错误的是哪一项？

A.双鱼座没有三等星

B.双鱼座 δ 的视星等是 4.28

C.M74 的视星等是 9.2

357.小爱神厄洛斯在罗马神话中被人们称为什么？

A.丘比特

B.维纳斯

C.鄂尔多斯

358.袭击众神的怪兽叫什么名字？

A.潘恩

B.尼罗河怪兽

C.提丰

359.爱神把她自己和她的儿子变成了什么动物？

A.鱼

B.猫

C.乌鸦

360.根据书中的说法，下列观点错误的是哪一项？

A.众神都在尼罗河畔举行这场盛大的宴会，所有神明都接到了邀请

B.阿佛洛狄忒没有带自己的家属来参加宴会

C.爱神怕与儿子失散，用绳子把两条鱼尾连在一起

判卷简易　天上真的有星座吗

助学助记　**互动问答答案**

001	002	003	004	005	006	007	008	009	010	011	012	013	014	015	016
A	B	C	B	C	C	B	A	A	B	B	C	C	A	B	A
017	018	019	020	021	022	023	024	025	026	027	028	029	030	031	032
B	A	B	C	B	C	A	A	C	B	B	A	B	C	B	A
033	034	035	036	037	038	039	040	041	042	043	044	045	046	047	048
C	A	C	B	B	A	A	B	C	A	C	B	C	B	A	C
049	050	051	052	053	054	055	056	057	058	059	060	061	062	063	064
C	B	B	A	B	C	A	A	A	C	B	A	A	C	C	B
065	066	067	068	069	070	071	072	073	074	075	076	077	078	079	080
A	A	C	B	B	A	B	C	C	A	A	B	A	B	A	B
081	082	083	084	085	086	087	088	089	090	091	092	093	094	095	096
C	B	B	A	C	A	A	B	B	C	C	B	B	A	A	B
097	098	099	100	101	102	103	104	105	106	107	108	109	110	111	112
A	B	B	C	B	C	B	A	C	A	B	C	B	A	A	C
113	114	115	116	117	118	119	120	121	122	123	124	125	126	127	128
C	B	B	C	C	A	C	B	A	B	C	C	A	B	C	B
129	130	131	132	133	134	135	136	137	138	139	140	141	142	143	144
B	C	A	B	B	C	C	A	A	C	C	C	B	A	B	B
145	146	147	148	149	150	151	152	153	154	155	156	157	158	159	160
B	A	A	C	B	B	A	C	A	C	C	C	A	B	B	C
161	162	163	164	165	166	167	168	169	170	171	172	173	174	175	176
A	C	C	B	C	B	B	A	B	A	C	B	A	C	C	B
177	178	179	180	181	182	183	184	185	186	187	188	189	190	191	192
C	B	B	C	C	A	B	A	B	C	A	B	A	C	A	C
193	194	195	196	197	198	199	200	201	202	203	204	205	206	207	208
B	C	B	C	C	A	B	C	B	B	A	C	C	A	B	B
209	210	211	212	213	214	215	216	217	218	219	220	221	222	223	224
A	C	B	A	B	C	B	C	A	B	C	C	B	C	C	A
225	226	227	228	229	230	231	232	233	234	235	236	237	238	239	240
B	C	A	B	B	C	C	A	C	A	A	C	B	B	C	A
241	242	243	244	245	246	247	248	249	250	251	252	253	254	255	256
A	B	B	C	C	A	B	C	B	C	A	C	B	B	A	A
257	258	259	260	261	262	263	264	265	266	267	268	269	270	271	272
C	A	A	B	A	C	A	B	A	C	A	B	C	A	A	C
273	274	275	276	277	278	279	280	281	282	283	284	285	286	287	288
B	A	C	B	A	B	C	A	A	C	B	B	B	A	C	B
289	290	291	292	293	294	295	296	297	298	299	300	301	302	303	304
B	A	A	B	B	A	C	B	B	C	A	C	A	A	C	B
305	306	307	308	309	310	311	312	313	314	315	316	317	318	319	320
C	A	B	C	A	B	C	A	C	A	C	B	A	C	A	C
321	322	323	324	325	326	327	328	329	330	331	332	333	334	335	336
B	B	A	C	B	A	A	A	B	C	C	C	A	C	B	A
337	338	339	340	341	342	343	344	345	346	347	348	349	350	351	352
C	A	B	A	A	B	C	B	B	C	A	A	B	A	B	B
353	354	355	356	357	358	359	360								
C	A	A	B	A	C	A	B								

多次复印 重复练习 | 天上真的有星座吗

互动问答答题卡

001	002	003	004	005	006	007	008	009	010	011	012	013	014	015	016
017	018	019	020	021	022	023	024	025	026	027	028	029	030	031	032
033	034	035	036	037	038	039	040	041	042	043	044	045	046	047	048
049	050	051	052	053	054	055	056	057	058	059	060	061	062	063	064
065	066	067	068	069	070	071	072	073	074	075	076	077	078	079	080
081	082	083	084	085	086	087	088	089	090	091	092	093	094	095	096
097	098	099	100	101	102	103	104	105	106	107	108	109	110	111	112
113	114	115	116	117	118	119	120	121	122	123	124	125	126	127	128
129	130	131	132	133	134	135	136	137	138	139	140	141	142	143	144
145	146	147	148	149	150	151	152	153	154	155	156	157	158	159	160
161	162	163	164	165	166	167	168	169	170	171	172	173	174	175	176
177	178	179	180	181	182	183	184	185	186	187	188	189	190	191	192
193	194	195	196	197	198	199	200	201	202	203	204	205	206	207	208
209	210	211	212	213	214	215	216	217	218	219	220	221	222	223	224
225	226	227	228	229	230	231	232	233	234	235	236	237	238	239	240
241	242	243	244	245	246	247	248	249	250	251	252	253	254	255	256
257	258	259	260	261	262	263	264	265	266	267	268	269	270	271	272
273	274	275	276	277	278	279	280	281	282	283	284	285	286	287	288
289	290	291	292	293	294	295	296	297	298	299	300	301	302	303	304
305	306	307	308	309	310	311	312	313	314	315	316	317	318	319	320
321	322	323	324	325	326	327	328	329	330	331	332	333	334	335	336
337	338	339	340	341	342	343	344	345	346	347	348	349	350	351	352
353	354	355	356	357	358	359	360	361	362	363	364	365	366	367	368
369	370	371	372	373	374	375	376	377	378	379	380	381	382	383	384
385	386	387	388	389	390	391	392	393	394	395	396	397	398	399	400